BIANWAN BIANXUE
CONGSHU

边玩边学物理

本书编写组◎编

滕保华 柯本勇 张丽华等◎编著

世界图书出版公司

广州·北京·上海·西安

图书在版编目（CIP）数据

边玩边学物理／《边玩边学物理》编写组编．— 广州：广东世界图书出版公司，2010.4（2024.2 重印）
ISBN 978 - 7 - 5100 - 1982 - 1

Ⅰ．①边⋯ Ⅱ．①边⋯ Ⅲ．①物理学 - 青少年读物

Ⅳ．①O4 - 49

中国版本图书馆 CIP 数据核字（2010）第 049896 号

书　　名	边玩边学物理	
	BIAN WAN BIAN XUE WU LI	
编　　者	《边玩边学物理》编写组	
责任编辑	柯绵丽	
装帧设计	三棵树设计工作组	
出版发行	世界图书出版有限公司　世界图书出版广东有限公司	
地　　址	广州市海珠区新港西路大江冲 25 号	
邮　　编	510300	
电　　话	020-84452179	
网　　址	http://www.gdst.com.cn	
邮　　箱	wpc_gdst@163.com	
经　　销	新华书店	
印　　刷	唐山富达印务有限公司	
开　　本	787mm×1092mm　1/16	
印　　张	13	
字　　数	160 千字	
版　　次	2010 年 4 月第 1 版　2024 年 2 月第 4 次印刷	
国际书号	ISBN　978-7-5100-1982-1	
定　　价	59.80 元	

光辉书房新知文库
"边学边玩"丛书编委会

主　编：

吕鹤民　北京市第十中学生物教师

宋立伏　清华大学附属中学化学教师

编　委：

耿彬彬　北京市铁路第二中学数学教师

滕保华　北京市第二一四中学科技办公室主任

柯本勇　北京市第八中学物理教师

曾　楠　北京市铁路第二中学化学教师

蒋一淼　北京市第十中学生物教师

张　戌　北京市首都师范大学附属丽泽中学语文教师

刘路一　天津市新华中学地理教师

孙建蕊　北京市丰台南苑中学历史教师

刘亚春　四川北川中学校长

龙　菊　首都经贸大学金融学院教授

陈昌国　重庆万州区枇杷坪小学信息技术教师

谢文娴　重庆市青少年宫研究室主任

执行编委：

王　玮　于　始

"光辉书房新知文库"

总策划/总主编：石　恢

副总主编：王利群　方　圆

本书作者

滕保华　北京市第二一四中学科技办公室主任

柯本勇　北京市第八中学物理教师

张丽华　北京市第二一四中学高中物理教师

罗　阳　北京市第七中学科技教师

王　丹　北京市第二一四中学高中数学教师

马　兰　北京市西城区青少年科技馆科技教师

柯　谱　北京师范大学博士生

吕　砚　北市文物研究所技术人员

石　磊　北京市南口铁道北中学物理教师

本书插图

刘永伟

序：在玩中学，在学中玩

进入 21 世纪以后，人类社会已经跃入了崭新的知识经济时代，无论是在国家还是个人层面上，科学知识都起着越来越重要的作用。从某种程度上来说，科学知识决定着我们的事业成败和生活质量。认识这种时代特征，并按其要求去设计自己的人生道路，既是当代中学生朋友的神圣使命，也是其责无旁贷的光荣义务。

但是，对于不少中学生朋友来说，学习科学仿佛是一件沉闷、枯燥、乏味的事情。在他们眼中，数理化好像只是一堆令人生厌的公式和符号，语文、历史、地理等文科科目也只是大段枯燥、严肃的文字叙述，当然文理科也是有共性的，就是没完没了的习题和例题。快快乐乐地学习似乎是一个遥不可及的神话。

造成这种尴尬局面的因素很多，但是没有处理好科学的现象与本质、具体与抽象、知识与应用等的关系是其中之一。正是因为我们的教材太过于强调科学的知识性、抽象性、深刻性而忽略其实用性、多样性、趣味性，才使得正处在好动爱玩年龄的中学生们将学习科学知识视为一种痛苦的体验，认为科学探究是枯燥的、冷冰冰的，毫无乐趣可言。

难道，学习科学就真的不能成为一件快乐而有趣的事情吗？如何将学习演绎成快乐呢？对于天性爱玩的中学生来说，"边玩边学"不失为一个有效的途径。

正是基于这样的认识，我们邀请长期活跃在教学一线的老师和学者为广大中学生朋友精心编写了这套"边玩边学"丛书，丛书包括十个单册，分别是《边玩边学数学》《边玩边学物理》《边玩边学化学》《边玩边学生物》《边玩边学语文》《边玩边学地理》《边玩边学历史》《边玩边学心理学》《边玩边学经济学》《边玩边学科学》，希望为中学生朋友真正带来学习的乐趣。

一位教育家说过，"游戏是由愉快促动的，它是满足的源泉"。在这套丛书中，编者老师们根据中学生的心理特点和教材内容，设计了各种实验和游戏，创设了生动的情境，或者通过生动形象的故事和俗语引入，以"玩"为明线，以"学"为暗线，寓学于玩，给中学生朋友的学习营造一种愉快的氛围。这种氛围不但能调动他们的学习热情，还能提高他们的观察、记忆、注意和独立思考能力，不断挖掘他们的学习潜力。因为这"玩"并非单纯的玩，而是借助中学生爱玩的天性来激活他们的思维，以"在玩中学，在学中玩"的方式培养他们仔细观察、认真思考的习惯，提高他们发现问题、提出问题和解决问题的能力，使他们玩得开心，学得酣畅！

我们衷心希望这套小书能够帮助同学们走近科学，促进大家形成热爱科学知识，喜欢阅读，勇于探索的良好习惯，并为同学们带去愉快和欢乐！

本丛书编委会

前　　言

当你擦去头上的汗水欣喜地看着自己亲手制作的小"玩具"表演时，当你静下来思考着需要怎样做才能使这个"玩具"表演得更好、使它更漂亮时，当你注意到在制作"玩具"过程中应用到的科学原理与我们人类的生产、生活有着怎样的关系时——你不觉得这是一种无以言表的享受么？

是的，人的经历将是影响他一生的宝贵财富。亲身经历是一种学习方式，是一种很直接的学习方式。从我们来到这个世界开始，每一个人都在用自己的感觉器官认识她；随着年龄的增长，我们逐渐意识到了自然界的千变万化、多姿多彩和包罗万象，我们需要了解自然、理解自然，应用自然规律解决人类生产生活中遇到的问题，这样才能使我们对自然界有更深刻的认识，才能使人类的生活更美好。

"玩"与"学"并不是对立关系，"玩"得有"心"、"玩"得用"心"，我们就能从"玩"的过程中学到很多东西。在《边玩边学物理》中，我们收集、整理了一些"玩"的实例资料，你要做的就是发挥自己的聪明才智去寻找制作"玩具"所需的材料、达到目的所需的方法和亲自动手去实现每一个课题目标；如果在制作过程中，你能够创造出一些工具，想出一些行之有效的好方法——你是最棒的！如果在制作过程中，你能够发现问题并运用科学原理及合理的方法加以改进——你体验到了科学研究基本过程！

从童年起，我们就对于未知的领域充满了好奇，你一定问过数不清的问题：站在电线上的小鸟为什么不会触电？星星为什么总是眨眼睛？电视为什么可以传递声音和图像？有些地方为什么接收不到手机信号？这些有用又有趣的问题也许不能一一得到解答，对物理问题进行思考的兴趣却伴随着我们的一生。

这种研究物理的兴趣对物质文明的进步、人类对自然界的认识、人类思维的发展起着重要的推动作用。人们因此而关注地球在宇宙中的位置、关爱其他生命，亦由此而辩论两个铁球是不是同时落地，苹果为什么不飞往天上……特别是在今天，物理已渗透人类生活的各个领域，大到宇宙形成、飞船航行、灾难预警，小至个人用电出行，无理寸步难行。在兴趣的指引下爱上物理，你就爱上了生活。

这本《边玩边学物理》试图陪伴中学生对身边的物理现象进行初步研究，利用简单的材料、容易实施的小实验认识物理，在快乐的玩中学习物理知识、提升探究能力、开阔心胸和眼界。留心处处皆学问，动手实践添智慧，希望阅读本书的同学，能够感受到物理的奇妙，体验到掌握物理知识、应用物理能力的乐趣。

最后特别提醒同学们注意两个问题：第一，保证安全。使用工具及制作过程中一定要把安全放在第一位，用力不要过猛、动作不宜过快、过大，边试边做，避免伤到自己。有些课题需要在老师或家长的指导下完成；对需要加工而又不了解其性能的材料，应在保证安全的前提下在试验中逐渐了解。第二，动手动脑。一个物理现象的发生会受到许多相关条件的影响，在不同的条件下物理现象可能会存在差异，如果你的课题目标没有实现，那么你就要考虑是什么因素没有被满足，是否存在违背物理规律的现象，怎样改进及怎样实现……

祝同学们"玩"得开心！

目录

六、多姿多彩的光

一、无处不在的力和运动

1. 猜猜哪根线先断

简单的魔术人人会玩，要说清其中的道理就需要点功力了，下面这个小游戏就是为你准备的，你可以用它来考考小伙伴，看谁猜得对，解释得清。

Tools 材料和工具

- 两根完全相同的细线
- 重物（石块即可）

Process 游戏步骤

（1）在重物的上下两端系同样的两根细线。

（2）用其中一根线将重物吊起固定，而用手向下拉另一根线。

（3）让小伙伴来猜猜，哪根线先断？

告诉你秘诀：如果向下猛一拽，则下面的线断而重物不动。如果用力慢慢拉线，则上面的线

先断开。怎么样？你想怎么玩都可以吧。

Physics 物理原理

"猛拽"意味着力大而作用时间短。当向下猛拽重物下面的线时，由于这个力直接作用在下面的线上，该力超过线的承受力，从而使重物下面的线断掉。又由于力的作用时间极短，且重物的质量又很大，所以在极短的时间内重物向下的位移就很小。这样，上面线的张紧程度尚未来得及发生明显变化，即张力没有来得及明显变大，下面的线就已经断了。如果慢慢拉下面的线，力缓缓增大，可认为每瞬时力均达到平衡。下面的线中的张力就等于拉力，而重物上面的线中的张力等于拉力加重物的重力。显然，在慢慢施加拉力的过程中，重物上面的线中的张力首先超过其耐力，因而上面的线先断。

想一想

（1）塑料绳看上去很结实，有经验的售货员却能在绳上挽一个结，猛一拽就把它断开，为什么？

（2）电线杆的侧面常常有一根斜线拴牢在地上，这根线是如何工作的？观察吊桥的两头，你能找到类似的装置吗？

 超级链接

如果没有重力——

某年某月某日，第 N 届奥运会的跳高比赛在苏州举行。突然一名运动员起跳后就再也下不来了，并且一直向上飞去，幸好比赛场馆的顶棚已经关闭了，不然这名运动员不知道要飞向哪里。

坐在观众席上的观众们也都漂在空中，动弹不得。正在人们诧异的时候，广播里播出了一则令人震惊的消息："各位观众，就在刚才我市上方突然出现一不明飞行物。该不明飞行物向市中心发射了一束激光，瞬间，全市的重力就消失了。"

我听完广播后惊出了一身冷汗，一旦重力消失，人们想要移动一小步都会变得十分的困难，很多本来易如反掌的事情都会变得困难重重，而且空气会无法附着在地面上从而以很高的速度向外流失。人们会因为缺少氧气而窒息死亡。

在费了一番力气后，我终于回到了家里。好不容易打开了电视机，新闻里又传出了一个可怕的消息，就在苏州上空出现不明飞行物后的几分钟内，全球各地均发生了和苏州地区相同的事情，并且不明飞行物还发出了最后通牒，要求人类投降，否则将在72小时后向地球发起总攻，届时就不是单单让重力消失这么简单了，而是对人类发起毁灭性打击。这是外星人侵略地球了。

10小时后，各国首脑和各个领域内的专家齐聚苏州进行紧急协商。经过紧张的讨论后，觉得使用高能粒子束摧毁外星人的飞船。经过精心的准备，在多国联合空军的掩护下，一架经过改装的携带高能粒子束发射器的飞机飞向了外星人的飞船。一道高能粒子束射向了外星人的飞船。可是这艘飞船在地球最先进的武器的攻击下，竟然毫发无损。但是人类反击的举动却激怒了外星人了。他们的战机向人类的飞机和机场发起了攻击，最后摧毁了大量的人类战斗机和机场。

在又一轮紧张的讨论后，人们得出结论，外星人的飞船外有一层看不见的保护层。正在人们讨论如何突破保护层的时候，一名中国的飞行员回到了基地，并且带回了一架完好的外星人战机。于是一个大胆的计划诞生了，由两名技术出众的飞行员驾驶着这架战机混入外星人的母船内破坏敌人的保护层系统，再用高能粒子束摧毁母船。

在离外星人的最后期限还有 24 小时的时候，各项工作准备就绪了。两名勇敢的飞行员成功地驾驶着外星人战机混入了敌人的母船，并且成功地完成了任务。于是一束高能粒子束把外星人的母船炸了个粉身碎骨。

这个故事当然是虚构的，可是如果现实生活中没有了重力，人们的生活就会变得十分不易。

2. 自制不倒翁

不倒翁是我们小时候常玩的玩具，即使是今天它也是深受小朋友喜欢的玩具之一。现在，我们不用花钱，只要肯动脑、动手就可以做一个！一起来试试吧！

Tools 材料和工具

- 废乒乓球
- 橡皮泥（可用质地较黏的泥替代）
- 一个大螺母（在比乒乓球直径小的前提下尽可能大）
- 可乐瓶
- 胶带
- 白纸
- 水彩
- 壁纸刀

- 剪刀

（1）用刀将乒乓球沿中线切成两半，取其中一半将大螺母放入并用橡皮泥固定在乒乓球半球内。

（2）用可乐瓶塑料皮制作一个下部半径与乒乓球直径大小相同、高度约为4厘米的圆锥，在圆锥外面粘一层白纸。

（3）用胶带将圆锥与加工好的乒乓球粘在一起，如图所示。

（4）发挥你的想象力，在做好的不倒翁上画一幅小画作为装饰。

玩法1：将不倒翁放在水平桌面上，待其静止后，无论你让它向哪个方向偏离一个角度，在放开手后它都会摇摆起来。如果你观察的时间足够长，它最终仍会恢复到原来的状态。

玩法2：你可以找几个（或自己做几个）相同的不倒翁，然后再找一块比不倒翁稍宽一点的长玻璃板或塑料板，在保证能够把不倒翁相隔3~4厘米整齐排列在上面的前提下尽可能短一些；再找两个易拉罐。易拉罐放在比较光滑的水平面上与长板组成一个小车，最后将不倒翁依次排列放在长板上，一只手固定住长板，另一只手使所有不倒翁左右摆动起来，放开固定长板的那只手。开始时每个不倒翁的摆动互不相干，整体上看没有什么规律可言。而放开固定的手后，发现长板发生左右微微的摆动。再过一段时间所有不倒翁摆动的步调一致了。

一 无处不在的力和运动

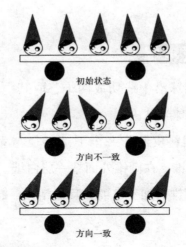

初始状态

方向不一致

方向一致

Physics 物理原理

玩法1： 不倒翁的结构决定了它的重心位置比较低。静止时，它受到的重力延长线通过它与水平面的接触点（重心与其跟水平面上接触点的连线沿竖直方向），这时我们称不倒翁处于"平衡状态"；如果我们把不倒翁与水平面的接触点叫做"支点"，那么这个"支点"在不倒翁摆动过程中不断变化，而它静止时的支点却只有一个。当使静止的不倒翁偏离一定角度后，重力作用线不再通过支点。放开手后重力的力矩使不倒翁发生转动，使它处于"不平衡状态"。当它转到重心与支点连线沿竖直方向时它具有一定的转动速度，但由于惯性它不可能立即停下来，它会继续转动而造成新的不平衡状态。如此往复，不倒翁会摆动很长一段时间，最终在阻力作用下重新回到平衡状态。

玩法2： 这是一种自然的调整过程，放开手后，每个不倒翁会通过长板相互干扰、相互影响，从步调不一致到步调一致。

相关规律

1. 重心位置低的物体比重心位置高的物体稳定性好。

2. 重力作用线超出支撑底面的物体不稳定（会倒下）。

想一想

建造高楼用的塔吊有长长的伸展臂，你注意到在伸展臂后端和塔吊底部都有一些铁块么？你能说说它们的作用吗？

超级链接

一块水平放置的砖头，不论雨吹风打，总是稳稳地呆在原地。如果把它竖起来，一有风吹草动它就可能翻倒。这是因为砖头平放时，重心很低，接触地面的面积又很大，也就是说，它的重心较低，不容易翻倒。

重心低有利于物体的稳定在实际生活中的应用很多。如果你到过工厂，会发现许多机器设备的机座都比较大，也很沉，目的就是防止机器翻倒，增加机器的稳定性。往车或船上装货物时，是把重的东西放在下面，还是把轻的东西放在下面呢？你一定猜到了，要先把重的东西放在底部。因为这样一来，整个车或船的重心较低，可以保证行驶的安全。大型货轮就有"压仓物"，它们的作用是降低货轮的重心使它具有较好的稳定性，提高抗风浪能力。

例如近年来的赛车，为了降低所使用的赛车的重心高度，制造出了更加低矮的"低悬挂"型赛车。对于低悬挂型的赛车来说，由于以下的各种原因可能造成的翻车事故，是不大容易发生的：赛车在侧向气流作用下而翻车；在和其他车碰撞后而翻车；以及赛车本身由于某种原因而产生了横滑所造成的翻车。换句话说，由于低悬挂型赛车在正常行驶状态时重心极低，要把它弄翻，从正常的平衡状态，翻到车的侧面着地或车的顶面着地的另一个平衡状态，是不太容易的。

再如，走钢丝演员在一根高空钢丝上表演的时候，重心总是在支持面上的，而支持面又很小，怎样保持稳定性呢？它是通过调整姿态，使重心总是在支持面的正上方而保持平衡的。一般的走索演员在表演时要手持一根长长的平衡杆，主要通过调整平衡杆的位置来调整整体重心的位置，以保持平衡。有经验的演员，则可以不要平衡杆，通过自己的身体姿态进行调整，而使身体的重心保持在钢丝绳的正上方。

高空走钢丝表演

格斗比赛的时候，重心低不易被击倒。羽毛球比赛的前场平抽球时身体需要放低重心，否则容易下网。乃至我们外出游玩时爬山走下坡也要放低重心，增加身体的稳定性。

3. 小小降落伞

在电影中，我们常常看到伞降兵执行任务时从天而降，犹如天兵天将下凡一般，这些用于作战的降落伞是经过科学人员研究制作的，在设计、制作过程中会用到很多相关的科学知识，而且要做很多科学实验。下面，也让我们一起制作一顶，研究一下小小降落伞中包含的科学知识吧！

Tools 材料和工具

- 方手帕
- 尼龙线
- 布头
- 小石子
- 线
- 针

Process 游戏步骤

（1）用剪刀把布头剪成8厘米宽、10厘米长的布条并将其对折，用针线缝制成小布兜，在兜内放些小石子，扎紧兜口作为"伞降重物"；

（2）用四根长约35厘米尼龙线系紧方手帕四角，作为降落伞面，将四根线的另一端连接在一起扎牢并用细线将小布兜捆牢，这样一个带有伞降物的降落伞就做好了。

玩法：站在高台上一只手捏住降落伞面中心，另一只手拿一较大的石块使石块与降落伞下的小布兜在同一高度上；同时放手让它们同时从同一高度向下落，注意观察谁先落地。

Physics 物理原理

石块先落到地上，比较一下就会发现降落伞下降的速度小于石块下降的速度。这是由于降落伞在下降过程中伞面与空气接触的面积比石块大，而且它具有向下的运动速度，此时空气阻止了降落伞过快的运动。

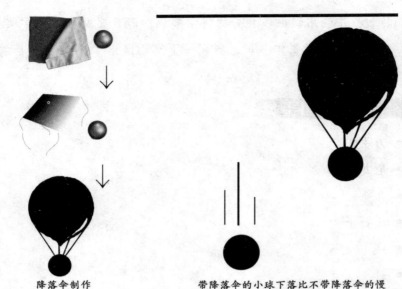

降落伞制作   带降落伞的小球下落比不带降落伞的慢

也就是说，降落伞在运动过程中受到了空气阻力的作用。

实际上，在空气中运动的任何物体都会受到空气阻力的作用，人类可以利用空气阻力达到自己的目的，比如飞机在航空母舰上着陆时会打开它后面的降落伞以帮助它尽快停下来，宇宙飞船返回舱返回地球表面过程中也利用降落伞来帮助减速。生活中我们也能感受到空气阻力的存在，在你快速跑动、坐着敞篷车外出都会觉得有"风"，如果车速特别大，你会感觉到"风"在向后吹你，这就是"空气阻力"作用在你身上的效果。空气阻力的大小跟物体迎着风的面积及物体的运动速度大小有关。迎风的面积越大、物体运动的速度越大，它受到的空气阻力也就越大。

试一试

在有些学校的科技活动中，会组织学生研究制作降落伞。用鸡蛋作为伞降物，他们的目标是鸡蛋落到地上不被磕破，你能试着设计制作一个吗？

超级链接

为什么降落伞需要在 1000 米高空以上打开

跳伞者在高空打开降落伞之前，要调整自己的心理状态和身体姿势。另外，降落伞打开也需要一定的时间。1000 米以内高空自由落体到达地面只有几十秒钟，在这么短的时间内跳伞者是无法打开降落伞的。也就是说，还没有等到打开降落伞，人已经摔落在地了。所以，跳伞者会在离地 1000 米以上的高空就打开降落伞。

高空跳伞

为什么客机上没有降落伞

如果我们经常乘坐飞机，就会发现飞机上没有配备降落伞。这是因为如果每个乘客都配备一顶降落伞，会增加飞机的重量，还会占去很多空间，大大影响飞机的运营能力；另外，跳伞是一项非常专业的技术，并不是一般乘客所能瞬间掌握的。还有，飞机失事通常都是在瞬间发生，即使每位乘客都拥有降落伞，也来不及完成跳伞的准备工作。所以，客机上通常是不配备降落伞的。

客机没有应急跳伞装置就不安全了吗？当然不是。现代化的大型客机都有至少两台发动机，即便只有一台发动机正常工作，驾驶员的正确操作仍然能维持最低安全限度飞行。即使真的出现了紧急情况，客机上设有供旅客使用的紧急出口，并且配备有紧急自动充气滑梯和救生衣。在客机紧急迫降后，乘客可以在机组人员的指导下离机逃生。

一 无处不在的力和运动

4. 探究神奇的浮力

海上有形形色色的船，有体态轻盈的小船，也有高大笨重的大油轮，还有巨型的货船等等，这些船的船体大多数是由像铁这样的金属制成的。我们都知道，一般金属块不会漂浮在海面上，但是这些铁质的大船却能平稳地行驶在海面上，这是为什么呢？让我们一起动手来探讨一下其中的原因吧！

Ｔools 材料和工具

- 两个透明的小塑料瓶（半透明胶卷盒也可）
- 大可乐瓶（能够将塑料瓶放入其中）
- 废笔芯
- 较粗的饮料管
- 吹破的大气球
- 线绳
- 长约30厘米能够套住笔芯的软管（气门芯或输液用的塑料软管）
- 蜡
- 刀
- 锥子（或铁丝）
- 剪子
- 胶条

（1）用刀将可乐瓶上半部分去掉做成一个水槽；

（2）用剪刀截取一节约 2 厘米笔芯和饮料管，将软管套在其中一根笔芯上（套入约 1 厘米）；

（3）把锥子（或铁丝）烧热分别在一个塑料瓶侧面中间靠上位置和已经做好的水槽靠近顶端位置扎一孔（注意安全），使笔芯刚好能够插入塑料瓶孔中，饮料管刚好能够插入可乐瓶孔中；

（4）用剪刀剪两块比小塑料瓶口大的气球皮，将其中一块气球皮蒙在塑料瓶口用线绳紧紧固定好；

（5）将带有软管的笔芯插入小塑料瓶侧面的孔、饮料管插入水槽上的孔（外部留 1.5 厘米），点燃蜡烛，用蜡液封闭笔芯、管与瓶的交界处（不漏水为准）；用胶条将软管一端固定在水槽外侧壁上，把与其相连的小塑料瓶放入水槽中。

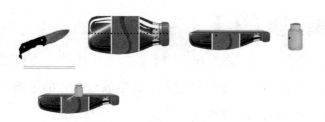

玩法 1：将水槽放在水平面上，在水槽中注入大半水，注入过程中你发现了什么？

玩法 2：用手将小塑料瓶固定，气球皮一面向左、向右、向前、向后按入水槽底部并保持小瓶水平，观察气球皮有什么变化、变化大小如何。

玩法 3：用胶条在水槽靠下部分作一标记线，将小塑料瓶固定，气球皮一面向上、向下按入水中，使瓶口与标记线相平，观察气球皮的变化，你发现了什么？

玩法 4：用刀将带有软管的塑料小瓶底部切掉，将另一块气球皮蒙在小瓶底部并用线绳固定好。把小瓶竖直按到水槽的水面以下，观察小瓶上、下两气球皮的凹陷程度，你发现了什么？

玩法 5：用胶条分别在两个小塑料瓶中间等高的位置作标记，将水槽注满水，等到水不再从水槽顶的笔芯向外流动后，将未加工过的塑料瓶放在水槽饮料管处（收集流出的水），另一只手将带有软管的小瓶慢慢按入水槽至标记位置静止一会（注意瓶底与水平面平行，不要让挤出的水洒到桌面上）。比较收集水的小瓶中液面与其标记线，你发现了什么？将收集水的小瓶放入水槽中，用手保持其沿竖直方向（水不洒出）漂在水槽中，放入水槽后比较小瓶中液面与水槽中水的液面，你发现了什么？

ℙhysics 物理原理

现象 1：小塑料瓶始终漂在水面上，由于小瓶受重力作用，它漂在水面上一定是水给了它向上的浮力。若忽略软管对它的影响，静止时它受到的重力与水给它的浮力平衡。

现象 2：气球皮向瓶内凹陷，在同一深度凹陷程度相同。这是由于自然情况下地球上的流体（液体和气体）对浸在其中的任何物体都有压力，气球皮凹陷就是它受到水给的压力的结果。压力作用于物体表面产生压强，在同一深度气球皮凹陷程度相同说明向水平各个方向水都给它大小相等的压力，同时也说明同一深度液体水平各个方向的压强都相等。

现象3：气球皮向上时，球皮向下凹陷；气球皮向下时，球皮向上凹陷；且凹陷程度也相同。这是由于液体内部同一深度向上和向下的压强都相等的缘故。把现象2和现象3联合起来可以得出：液体内部向各个方向都有压强，同一深度的液体向各个方向的压强都相等。

现象4：塑料小瓶上表面气球皮向下凹陷，下表面气球皮向上凹陷且比上表面气球皮凹陷程度大。这一现象说明浸没在水中的物体上表面受到水向下的压力，下表面受到向上的压力，且下表面受到的向上的压力大于它上表面受到的向下的压力。由于在同一深度上液体对浸在其中的物体向各个方向的压力都相等，而物体受上表面和下表面所在深度不同，受到的压力大小也不同，下表面受到的向上的压力大于其上表面受到的向下的压力，所以浸在液体的物体受到液体给的压力的合力沿竖直方向向上——浮力。

现象5：小瓶与水槽中液面基本相平（略高一些，这是由于小瓶的瓶壁占据一定空间）；小瓶中液面与标记线基本相平。浸在液体中的物体排开的液体的体积等于物体浸在液体中的体积。收集水的小瓶浮在水槽中时，小瓶内外液面基本相平；说明小瓶的重力与将它按入水中的力之和与它排出的水的重力大小相等——浮力。

相关规律

1. 液体内部向各个方向都有压强，压强的大小随深度的增加而增大，同一深度的液体向各个方向的压强都相等

2. 浸在液体中的物体受到液体向上的浮力大小等于它排开液体的重量。

日常现象或应用：铁皮放在水中会沉底，封闭的空铁桶会漂在水面上，就是由于空铁桶增加了它排开水的体积，同时也就增加了它排开水

的重量——浮力，当它漂在水面上时受到水的浮力与其重力相平衡。钢铁制造的船能够在水中漂浮就是利用了这一原理，随着载货重量的增加，它排开水的体积增大，受到的浮力也同时增大了。

想一想

死海的浮力为什么那么大呢？

超级链接

对浮力的认识和应用，是古代流体力学研究的重要内容。在这方面，中国古人积累了丰富的实践经验。早在先秦时期，古人就对物体的浮沉特性有所认识，并在生产实践中有十分巧妙的应用。例如在《考工记·矢人》篇中，"矢人"在确定箭杆各部分的比例时，采用的方法是："水之，以辨其阴阳；夹其阴阳，以设其比；夹其比，以设其羽。"

就是说，把削好的箭杆投入水中，根据箭杆各部分在水中浮沉情况，判定出其相应的密度分布，根据这一分布来决定箭的各部分的比例，然后再按这个比例来装设箭尾的羽毛。这种根据箭杆各部分浮沉程度判定其相应质量分布的方法是合乎科学的，也是十分巧妙的。

先秦时期人们不仅能应用浮力定性判定物体质量分布，还能应用浮力定量测定物体的重量。晋代的《符子》一书记载了这样一个故事："朔人献燕昭王以大豕，曰'养奚若'。……王乃命豕宰养之。十五年，大如沙坟，足如不胜其体。王异之，令衡官桥而量之，折十桥，豕不量。命水官浮舟而量之，其重千钧。"

"浮舟量之"，就是利用水的浮力来测定这头其重无比的大猪的重量。如果《符子》的记载真实的话，那么这是我国古人定量利用水的浮力的一个绝妙的例子。由此发展下去，就是脍炙人口的曹冲称象的传说了。

边玩边学物理

曹冲称象

明末方以智在《物理小识》卷七中记载了他的老师王虚舟对金、银、铜、铁在汞液中浮沉情况的观察："虚舟子曰：《本草》言金银铜铁置汞上则浮，此非也。铜铁则浮，金银则沉。金银取出必轻耗，以其蚀也。"

王虚舟的观察是准确的，这反映了古人对不同比重物体沉浮状态研究的深入。这段话还记述了汞对金、银的腐蚀作用，在化学史上也是有价值的。

5. 顽强的蜡烛

生活教给我们很多事，有为人处事的道理，也有事物发展的规律，你知道点燃一根火柴时怎样使它燃烧的火焰更大吗？你知道蜡烛有多少故事吗？用心思考、勤于动手，你会更聪明！

（一）游戏一

Tools 材料和工具

- 两个大可乐瓶
- 一根蜡烛
- 火柴
- 桌子

Process 游戏步骤

（1）把蜡烛立在水平桌面上，将两个大可乐瓶对称地并排放在蜡烛前方，中间留出8厘米左右的空隙；

（2）点燃蜡烛。通过可乐瓶间的空隙向蜡烛吹气，试试看，你能吹灭蜡烛吗？

（3）蜡烛的火焰变得非常顽强，面对你强力的进攻也不肯轻易妥协，你知道为什么吗？

（二）游戏二

Tools 材料和工具

- 照明用白蜡烛一根
- 橡皮泥
- 盛足量水的大水杯

● 火柴

（1）在白蜡烛底部粘适量橡皮泥，使蜡烛能够直立地漂浮在大水杯的水面上，蜡烛露出水面1厘米左右。猜想一下，用火柴点燃水中的蜡烛后2分钟，会发生什么现象？

（2）也许你会认为蜡烛燃烧一段时间后接触到水面会自动熄灭，那就试一试吧，你看到了什么？

（3）蜡烛真的是非常顽强，尽管它不断地流着眼泪，慢慢消耗着生命，却总是平稳地漂浮在水面上，直至燃尽。

注意： 使用火柴和蜡烛时要注意防火。

（一）两个可乐瓶相距较近，气体会沿着瓶身向两边移动，因此不会吹向蜡烛，蜡烛不会熄灭。

（二）蜡烛能够在水面漂浮，是因为它受到的浮力等于重力，即 $F_浮 = G$。根据阿基米得原理的推论，$F_浮 = \rho_液 g V_排$，根据重力、质量关系以及质量、密度关系，$G = \rho_物 g V_物$，因此，$\rho_液 g V_排 = \rho_物 g V_物$，经变形，得蜡烛露出水面的体积与水面下的体积比始终为 $\rho_物/\rho_液$，水的密度为 $1.0 \times 10^3 \text{kg/m}^3$，蜡烛的密度为 $0.9 \times 10^3 \text{kg/m}^3$，这个比值将始终稳定在约1/9不变。虽然蜡烛上端逐渐在消耗，由于浮力作用，它也在同步地逐渐上浮，直至烧尽为止。

一 无处不在的力和运动

19

浮力的大小与哪些因素有关？

超级链接

用一支吸管和一支蜡烛就可以把一个杯子里面的水抽到另一个杯子里，这就是神奇的蜡烛抽水机，来做做吧！

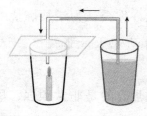

蜡烛抽水机

先把两个玻璃杯并列放在桌面上，在左边的玻璃杯中点燃蜡烛，在右边的玻璃杯中放入水。然后把吸管折成门框形，在一张硬纸板上面用剪刀剪一个小洞，把折好的吸管的一端穿过去。

接下来需要把硬纸板放在左边有蜡烛的杯子上面，为保证实验的成功，可以用橡皮泥把硬纸板与杯子接触的地方密封好，并把硬纸板与吸管的接触处也密封好。做完这些，可以把吸管的另一端放在右边杯子的水中，过一会儿，你会发现水慢慢从右边的杯子流入了左边的杯子。

这个蜡烛抽水机还不错吧，其实原理很简单，蜡烛燃烧用去了左边杯子里面的氧气，因而左边杯子中的气压就降低了，而右边杯子中的气压仍然正常，所以水就被压进了左边杯子里面。等到两个杯子里面水的表面所承受的压力相等时，水就不流动了。

6. 漏斗中的乒乓球

乒乓球是咱们国家的国球，相信很多人都喜欢打乒乓球。其实小小的乒乓球还可以用来做游戏，学科学，不信你瞧！

Tools 材料和工具

- 质地光滑的小漏斗（学校实验室有玻璃制成的小漏斗）
- 乒乓球
- 吹风机

Process 游戏步骤

玩法1：漏斗朝上，将乒乓球放入漏斗中，从漏斗底部玻璃管中向漏斗吹气。你能把乒乓球吹出漏斗吗？

玩法2：将乒乓球放在一只手上，把漏斗朝下扣住乒乓球，从玻璃

管持续向漏斗中吹气，慢慢提起漏斗（或放开托住乒乓球的手），你发现了什么？

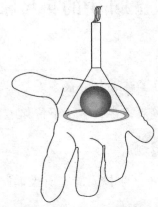

玩法 3：打开吹风机使风口向上，手拿乒乓球在距风口 20 厘米左右的地方从静止开始释放，你看到了什么？慢慢向左、右移动吹风机，你又看到了什么？

Ⓟhysics **物理原理**

现象 1：无论你多么用力吹，乒乓球都不会被吹出漏斗。这是由于吹到漏斗里的气通过乒乓球与漏斗的间隙冲出，由于这个间隙较小，使得通过间隙流出的气体速度较大。科学研究发现气体、液体流速大的位置压强小（伯努利原理）。也正是由于我们在向漏斗内吹气时，乒乓球下半部分气体流速大而造成压强小，此时其上半部分的大气压大于球下半部分的气压，因此球就被大气压力压在漏斗里。

现象 2、现象 3：只要吹气不断，乒乓球就会被漏斗"吸"起来，我想你一定能够解释这两个现象。

试一试

取一张薄信纸用手提起长边，放在距墙面几厘米的地方，使它自由下垂，待静止后向它与墙面正对部分吹气你会看到什么现象？

 超级链接

你知道吗？飞机为什么能够克服重力在空中飞翔？

这恰恰是利用了我们游戏中的原理，飞机翅膀的横截面是一种流线型，上部凸起、下部平整，这样它在运动过程中流过它上部的空气速度比下部的空气速度大，这就使得翅膀下部气压大于上部气压而使飞机产生升力。日常生活中，在铁路边遇到高速行驶的火车时一定要远离铁轨，否则很可能被"吸"到铁路上去；在公路上行走、车站等车、路边叫出租车时，也应注意要与行驶的车保持一定距离，手里的轻质物体也要抓紧了。

飞机的机翼为何越来越短？

飞机能飞上天空，需要借助气流产生升力，机翼越大，产生的升力就越大。为了产生足够的升力，就要把机翼做得长一些，例如滑翔机。不过，增大机翼在飞行中也会产生更大的阻力。飞机的飞行速度提高以

飞机能在天空飞行少不了物理学原理的应用

后，特别是在高空超音速飞行时，机翼所产生的阻力会影响飞行速度。因此，为使飞机提高飞行速度，人们总是想办法把机翼做得短些。

7. 胡萝卜与天平

天平是用于测量物体质量的精密仪器，胡萝卜与天平似乎没什么关系，但应用物理原理我们就可以利用胡萝卜制作一台天平。试试看吧！

𝒯ools 材料和工具

- 宽约 3 厘米，厚约 1.5 厘米，质地较软的木板条
- 长约 2.5 厘米的钉子若干（固定）
- 一根长约 5 厘米的大铁钉（转动轴）
- 线绳

- 废纸杯两个（天平盘）

- 橡皮泥若干（砝码）

- 重物（石块即可）

- 手锯

- 铁榔头

- 学生直尺

- 钢卷尺

- 剪刀

- 手钻（如果没有，找一根比大铁钉略细、长约50厘米的铁丝也可）

- 锥子（或大号针）

Process 游戏步骤

（1）用手锯将木板条截出25厘米、35厘米和12厘米各一条，8厘米两条；将长25厘米和两根8厘米的木板条用小钉子钉成"工"字形。

（2）将大钉子钉在12厘米长木条一端，使钉子尖从板另一面穿出，然后在将12厘米长的木板钉在"工"字中央构成天平底座支架。

（3）若使用方木板做底座，则只需将12厘米长的木条钉在板中央。底座支架如图所示，完成后将它放到水平面上备用。

（4）在30厘米长的木条两端分别钉上一个小钉（用于挂天平盘），利用找杆重心的方法找到它的重心位置并用电钻在板上打一个孔。如果没有手钻，可以用长铁丝烧红后在板上烫孔。

（5）然后使底座支架上的大钉子穿过该孔，将它用剪刀将纸杯剪成高2.5厘米的纸筒，在距筒上边缘1厘米处沿筒直径方向扎两个对称的孔。

（6）用细绳将自制天平盘挂在天平横梁上。在横梁两端加减橡皮泥的办法使天平平衡，借用学校的天平分别称出 1 克、2 克、5 克、10 克的橡皮泥并将其揉成砝码的样子作为砝码。

注意：操作时不宜用力过猛、动作太快，手要稳，逐渐加大用力。

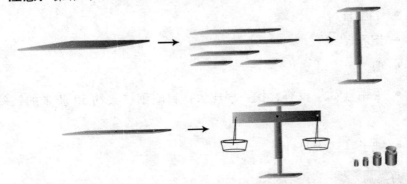

玩法 1：利用自制天平可以测量学习用品的质量。首先估计一下被测物体的质量，将其放入天平左盘，按估计值从大到小依次将橡皮泥砝码放入天平右盘至天平恢复平衡。砝码的质量等于被测物的质量。你可能会遇到这样的问题——无论怎样调换砝码，天平都不能平衡，你怎么办呢？

玩法 2：找一根较长的胡萝卜，想办法确定其重心的位置并使天平的底座支架的钉子通过该位置，将它挂在支架上替代自制天平的横梁。改变胡萝卜与水平方向的角度放手，你发现了什么？

玩法 3：你能将玩法 2 中的装置改装成一架"胡萝卜天平"么？

Physics **物理原理**

玩法 1：天平是利用杠杆平衡原理测量物体质量的仪器，它是一个等臂杠杆，根据杠杆平衡条件，当砝码盘中砝码受到的重力与被测物盘被测物受到的重力大小相等时，天平平衡。天平两边物体所受重力相等时，它们的质量一定相等。

问题解决办法：如果砝码数量不够用，可以将已有的橡皮泥砝码作为标准，用自制天平再制作几个砝码；测量物体质量时，如果将最小的放上去稍多，而取下来又偏少，则可以取一块比最小砝码更小的橡皮泥试试，经过调整这块橡皮泥的大小使天平平衡，最后将这块橡皮泥与最小橡皮泥砝码比较估计出它的质量，再计算被测物质量。

玩法2：如果你确定的重心位置准确且做法精准，你会发现无论胡萝卜与水平方向成多大角度，它都可以静止在那个角度上。这是由于此时钉子给它向上的支持力与其重力作用在同一条直线上达到了二力平衡状态。

玩法3：将两根大头钉分别插入胡萝卜两端并将自制天平盘分别挂在两端，调节胡萝卜（横梁）的平衡后改装完毕。

相关规律

1. 杠杆平衡条件：动力与动力臂的乘积等于阻力与阻力臂的乘积
2. 天平原理：杠杆的平衡

想一想

请问你还能列举一些常见的杠杆工具吗？

超级链接

在我国的一些边远地区做买卖时仍然使用着一种叫做"杆秤"的质量测量工具；你到中药铺可能也见过小的"杆秤"。它们由"秤杆"、"秤盘"和"挂钩"、"秤砣"构成，秤杆上标有一些"定盘星"。这是一种古老的质量测量仪器，它的原理与天平是一样的，都利用杠杆的平衡条件来测量物体的质量，只不过这样的杠杆不是等臂杠杆而已。我们生产、生活中使用的一些工具也同样是"杠杆"的利用，使用时，它们有支点，在动力和阻力的共同作用下完成我们需要做的事。

老式杆秤

8. 让纸环跟在空气后面"跑"起来

怎么能让纸环跟在空气后面"跑"起来呢？虽然方法很多，但是我们教你的方法却又快捷又省力。

🆃ools 材料和工具

- 一张白纸
- 一支吸管
- 胶水
- 一把剪刀

🅿rocess 游戏步骤

（1）从白纸上剪下长 20 厘米、宽 4 厘米的长方形纸条，把纸条的两端用胶水粘起来，形成圆圈纸环。

（2）把纸环静置于桌面，先把吸管指向纸环，吹气。从吸管喷出的空气会推动纸环向前滚动。

（3）接下来，用吸管指向纸环的前方，吹气，注意吹气的角度，如图所示。只要吹出的空气速度足够快，纸环就会向吹出的空气位置滚动。当你吹气的角度正确，掌握了吹气所用的力度后，你甚至可以让纸环跟在吹出的空气后面"跑"起来。

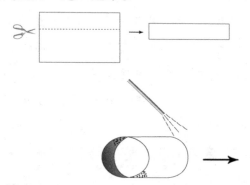

🅟hysics 物理原理

流动的空气会在周围产生低气压区。当我们向纸环的前方吹气时，由于空气流动，该处空气周围的气压要低于纸环其他位置的正常气压，产生的气压差提供给纸环运动的力量，使纸环向低气压的地方滚动。

想一想

1. 飞机为什么能够飞上蓝天？

2. 冬季、夏季相对而言哪个气压更高？

 ### 超级链接

在空气中运动的物体，比如飞机、赛车等，会带动周围的空气运动，因此也会改变周围的气压。飞机能够飞上蓝天的原因之一就是机翼产生了压力差。

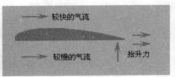

空气从这样一个流线型的物体周围通过时，由于上表面的距离比下表面的距离长，所以空气流过上面的速度就会比下面空气的流速快，这样上面的空气分子就比较稀薄，那么空气对于上表面产生的压力就比下表面小，于是产生一个向上的力。曲面越大，那么曲面上下面的空气压力差就越大。

机翼的上表面制作成曲面，当飞机高速运动时，周围空气的流速也很快，出现的压力差很大，从而提供给飞机向上升的抬升力，使密度远远大于空气的飞机能够飞起来。

飞机的机翼

此外，在机翼的某些部位，还会有一些可以转动的部件，比如襟翼、副翼等，它们角度的改变可以调节飞机飞行时受到的升力和阻力，使飞机更灵活地飞行。机翼的前沿稍微向上，后沿稍微向下，机翼与水平方向形成一个夹角。这个夹角称为"冲角"，形成冲角的目的是为了改变气流的方向，产生抬升力。

9. 易拉罐反冲桶

1963 年，易拉罐在美国得以发明，它继承了以往罐形的造型设计特点，在顶部设计了易拉环。这是一次开启方式的革命，给人们带来了极大的方便和享受，因而很快得到普遍应用。如今，市场上很多饮料都采用了这种铝罐作为啤酒和碳酸饮料的包装形式。当我们喝完之后，也不要轻易丢弃，因为它还有大用处，不信你瞧！

Ⓣools 材料和工具

- 易拉罐
- 细绳
- 比较结实的细线
- 细铁丝
- 洗脸水盆
- 一个用于向易拉罐内注水的小容器
- 水
- 打孔工具锥子（如果没有可用较长的细钢钉，榔头）
- 钳子

Ⓟrocess 游戏步骤

（1）用打孔工具在罐底边缘处对称地扎四个孔，在锥子扎入后向其切线方向压一下，注意使四个孔的方向均沿一个方向（顺时针或逆时针）；

（2）在易拉罐上边缘对称扎两个孔，用细铁丝做一个三角形提手；

（3）将细线系在铁丝提手上，使其能够提起易拉罐。

注意：操作时要特别注意安全，扎孔时不宜用力过猛，罐要想办法固定不动。

玩法1：将盛有水的洗脸盆放在地面上，用小容器向罐内灌水，观察罐下方水是否从打好的四个小孔流出？流出方向是否都是顺时针（或逆时针）；如果方向不一，则需要用锥子进行调整后再试。调整好后用手将易拉罐底部的四个小孔堵住，再用小容器向罐内灌满水，另一只手提起细线使易拉罐悬在盆中距水面不太高的位置，静止后放开堵住孔的手，观察当水从罐底流出时，你看到易拉罐转动了吗？转动的方向与水流出的方向一致吗？

易拉罐反冲桶

玩法2：试验一下如果罐中只有一半水，它的转动方向如何？如果水更少呢？

Physics 物理原理

现象1：易拉罐慢慢开始转动起来，转动方向跟水喷出的方向相反。水从易拉罐底部喷出是由于液体内部压强造成的，当不从小孔以一定的速度喷出，喷出的水会给罐（及内部的水）一个反方向的力，使它们整体运动状态发生改变，从而使罐向相反的方向转动起来。

现象2：如果罐中只有一半水，它转动的方向仍然与水喷出的方向相反；如果水少到一定程度，罐的转动就不明显了。罐中水量越少，被

边玩边学物理

喷出水的速度也越小；这是由于随着罐中水量的减少水的深度变小，从而导致出水口处液体的压强变小，被喷出的水对罐中水的力也变小。

相关概念：反冲运动——由于物体的两个部分发生相互作用而使这两部分向相反方向运动的现象。

相关规律

1. 液体内部压强的大小随液体的密度的增大、深度的增加而变大。

2. 反冲速度的大小随被抛出物体的质量及其速度的增大而增大。

问一问

1. 你知道火箭是如何飞上天的吗？

2. 你留意过生活中还有哪些现象是利用了反冲运动原理的吗？

超级链接

发射卫星用的火箭就是利用反冲现象的原理将卫星送上天的；你也可能看到过军人在射击时枪、炮的反冲现象；人造飞船在太空中改变运动方向、加速、减速的动作都会利用这个原理。

让火箭飞向太空探测宇宙，是"宇宙航行之父"齐奥尔科夫斯基最先提出来的。齐奥尔科夫斯基1857年生于俄国，自学成为一名中学教师。飞机飞行要依靠空气浮力，而距离地面越高的地方，空气密度越小。1903年齐奥尔科夫斯基提

用来发射卫星的火箭
都是分级的

出火箭公式 $V = V_p \ln (M_0/M)$（V 为终速，V_p 为喷气速度，M_0 为原始质量，M 为所剩质量）。计算表明，用液氧、煤油等做推进剂的单级火箭是无法达到宇宙速度的。即使用液氢液氧作推进剂，喷气速度也只能

达到 4.2 千米/秒，因为考虑到空气阻力，从地面起飞的火箭，实际上应达到 9.5 千米/秒以上的速度。这样一来，火箭的质量比应达到 11 以上才行。也就是说，推进剂应占火箭总质量的 91% 以上，齐奥尔科夫斯基设想用多级火箭接力的办法来达到宇宙速度，就是在火箭垂直发射时，让最下面一级先工作，完成任务后脱离，接着启动上面一级，进一步提高速度。

在经过一系列数学运算以后，他又指出，对于使用硝酸和肼类推进剂的火箭来说，要使最后速度达到第一宇宙速度 7.9 千米/秒，火箭的质量比应等于 23.5。也就是说，总重量为 100 吨的火箭，要有 96 吨是推进剂。若加上地球引力因素，则要求的质量比应更大。以鸡蛋为例，鸡蛋的全重和它的蛋壳的质量比是 20，这使鸡蛋脆弱到一碰就破的地步。可想而知，要把火箭的质量比提高到 23.5 以上，火箭的壳体将造得很薄！这对于要耐受高温、高速、真空等恶劣的工作环境的火箭来说将是多么不易。何况我们还不满足于仅获得第一宇宙速度，而希望能获得更快的速度。这样一来，如何提高火箭的质量比，便成为一个亟待解决的课题。齐奥尔科夫斯基为解决这一难题作出了贡献，提出了把火箭分级的方案。

10. 喷灌器

喷灌是一种节水又快捷的灌溉方式，它是利用喷头等专用设备把有压水喷洒到空中，形成水滴落到地面和作物表面。只要明白了其中的原理，我们自己也可以动手做一个！

Ｔools 材料和工具

- 一根两端平整的木棍
- 一个小碗
- 两个相同的容器（比如饮料瓶）
- 一根竹板条（长约半米）
- 一枚小铁钉
- 一只花盆
- 一团细绳

Ｐrocess 游戏步骤

（1）把木棍插入花盆的土中固定，作为装置的底座。

（2）把小碗扣在木棍上端，让碗足作为旋转用的轴承。

（3）把竹板条放到火上烧烤，慢慢使它弯曲，弯成一个"弓"形后，放一边冷却，然后把竹板条横放在手指上，移动竹板条，让竹板条在手指上达到平衡，两者接触的位置就是竹板条的重心。在竹板条的重心处钉上钉子，使钉子穿透竹板条。

（4）在两个容器的底部的侧面各钻一个小孔，用铁丝或细绳把容器分别绑在竹板条的两端，注意调节两个小孔的位置，使它们反方向放置。然后，把连着容器的竹板条放在小碗上，调节两端平衡。

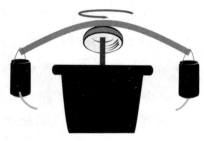

（5）给容器装上水，水会从小孔中喷出。观察容器的运动情况，

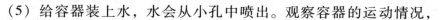

你会发现在水流喷出的过程中，容器带动支架一起旋转着。这样，我们就制造了一个简易的自动喷灌器。

Physics 物理原理

喷灌器为什么会旋转呢？这是喷出的水的反作用力造成的。根据牛顿的作用力与反作用力定律，作用在一个物体上的力会有一个大小相等、方向相反且在一条直线上的反作用力。水流从喷灌器的小孔喷出时，水流向外运动，同时产生一个向容器内的反作用力，推动容器与支架转动起来。

问一问

仔细观察，你还能举出生活中哪些作用力与反作用力的实例呢？

超级链接

作用力与反作用力的原理在生活中得到大量的应用，比如航空涡轮喷气发动机。当发动机工作时，大量的空气被吸入进气道，经过加压，与飞机燃料接触，燃料燃烧产生大量气体，进一步增加了气体的压力。发动机内腔中的气体在压力的作用下从尾喷管处向飞机后方喷出，同时产生反作用力，这个反作用力与气体喷出的方向相反，推动飞机向前飞行。发动机连续地进行着吸气、增压和喷气的程序，不断产生向前的推力，让飞机克服阻力不断向前。

又如，海上行驶的轮船速度一直不能令人满意，如果像发明喷气式飞机那样发明一种喷气式轮船的话，同样可以给海上运输带来一场革命。用水上喷气发动机推进的货船如果在大西洋行驶的话其速度要比普通的轮船快5倍，这种新式的轮船叫"快船"。这种轮船不仅在速度上要比普通轮船快得多，这种船的速度可达45英里（1英里≈1.6千米）

每小时，而普通的轮船其速度很难超过 25 英里每小时，在对付恶劣气候方面也比普通的轮船强得多。

11. 硬币能漂浮在水面上吗

让一根针或者是一枚硬币漂浮在水面上而不沉底，听起来像是一件不可思议的事情，但是只要掌握方法，也并非难事。试试看吧！

Tools 材料和工具

- 水
- 盆
- 硬币（通常选取五分硬币或者是二分的硬币。其质量相对较轻，面积较大）
- 针

Process 游戏步骤

准备一盆清水，肥皂水的效果更好，用清水更考验技术。将硬币小心翼翼地平放在水面之上。

注意：

（1）放硬币的要点在于，硬币的平面一定要与水面平行，硬币的下表面接触到液面，但上表面不能浸入水中，自己多试上几次，就能将硬币平稳地放在水面上了。

（2）还有一种辅助的方法，就是可以取一小块卫生纸（面积要比硬币大些），先将纸平放水面之上，使其漂浮，然后再将硬币或者是针，放在漂浮的纸上面，过一会儿，等纸被水完全浸湿沉下去的时候，硬币或者针就可以安稳地浮在水面上了。

Ⓟhysics　物理原理

　　硬币和针能够浮在水面上的现象我们可以用一个试验来解释。用铁丝围一个椭圆环，把一段棉线松松地系在铁丝圈上，然后把铁丝圈在肥皂水中浸一下，再拿出来，圈上就沾上了一层肥皂水的薄膜。如果你破坏了棉线左侧的肥皂膜，棉线就被右侧的肥皂膜拉成向右的弧形；如果你破坏了右侧的肥皂膜，棉线就被左侧的肥皂膜拉成向左的弧形。如果系在铁丝圈上的是一个棉线圈，用针破坏棉线圈里的薄膜，棉线圈就会张紧成一个圆形。这些现象表明，液体表面有收缩到最小的趋势。使液体表面收缩的这个力，我们称它为表面张力。硬币漂浮的原因正是因为水的这种表面张力，你看到硬币周围的水面是下凹的，这说明硬币想往下沉，可绷紧的水面却把它托着。此外，由于硬币的面凹凸不平，使硬币下方形成一个空气垫，这也是硬币漂浮的一个不可忽视的原因。

问一问

　　1. "倒水的学问"：在杯中边缘放一个小木块，向杯中缓缓倒水至快满时，观察木块的位置，为什么木块总是静止在中央？

　　2. 给玻璃杯倒满水，手持几枚 1 分硬币，顺着杯子边缘放入杯中，你会发现尽管水面已高出杯口，呈现凸起的形状，但水仍不溢出来，你能解释产生这一现象的原因吗？

3. 洗头时为什么用热水洗头比用冷水洗头干净？同样拧干水，用毛巾比用布擦易干，又是为什么？

超级链接

表面张力是分子力的一种表现。它发生在液体和气体接触时的边界部分，是由于表面层的液体分子处于特殊情况决定的。液体内部的分子和分子间几乎是紧挨着的，分子间经常保持平衡距离，稍远一些就相吸，稍近一些就相斥，这就决定了液体分子不像气体分子那样可以无限扩散，而只能在平衡位置附近振动和旋转。在液体表面附近的分子由于只显著受到液体内侧分子的作用，受力不均，使速度较大的分子很容易冲出液面，成为蒸汽，结果在液体表面层（跟气体接触的液体薄层）的分子分布比内部分子分布来得稀疏。相对于液体内部分子的分布来说，它们处在特殊的情况中。表面层分子间的斥力随它们彼此间的距离增大而减小，在这个特殊层中分子间的引力作用占优势。表面张力系数与液体性质有关，与液面大小无关。

露珠总是呈球形也和水的表面张力有关

在自然界中，我们可以看到很多表面张力的现象和对张力的运用。

比如，露水总是尽可能的呈球型，而某些昆虫则利用表面张力可以漂浮在水面上。

12. 重演帕斯卡桶裂

帕斯卡是法国著名的数学家、物理学家、哲学家和散文家。他提出：液体产生的压强大小仅跟液体的深度和密度有关，与液体的多少没有关系，"一段细长的水柱对底部产生的压强，可以大大超过一盆水对盆底的压强"。这一观点在当时引起人们的普遍怀疑。1648年，他公开表演了一个精彩的实验：把一个装满水的木桶盖紧，桶盖上插入一根细长的管子，从二层楼的阳台上向细管里灌水。人们看到，他只用了几杯水竟把坚固的木桶给压裂了！

你也想尝试一下这种震撼吗？让我们一起来试试。

Tools 材料和工具

- 玻璃杯一个
- 2 米长细乳胶管一根
- 大可乐瓶一个
- 椅子一把
- 小板凳一个
- 矿泉水瓶一个
- 刀片

（1）矿泉水瓶从 1/3 处用刀片划开，取上部当做漏斗，玻璃杯内装一杯水；

（2）大可乐瓶装满水，用刀片在其上小心地竖划几条小缝，把乳胶管一端接在瓶口上，另一端接在矿泉水漏斗小口上；

（3）取大可乐瓶放在小板凳上，手持矿泉水瓶漏斗和盛了一杯水的玻璃杯，踩在椅子上，竖直提起乳胶管，把玻璃杯中的水通过矿泉水瓶漏斗倒入乳胶管内，瓶壁上的缝即被水压开，水从缝中流出。

注意：使用刀片时小心划伤手，凳子要结实稳固，踩在上面时要当心跌倒。

一

无处不在的力和运动

因为液体的压强等于液体密度、深度和重力加速度之积。在这个实验中，水的密度不变，但深度一再增加，则下部可乐瓶中的水的压强越来越大，根据压力压强关系，桶壁受到水的压力越来越大，当超过"桶"能够承受的上限时，随之裂开。

问一问

1. 你能利用身边的物品做小实验感受液体压强的存在吗？

2. 在学习液体压强后，你能不能设计实验证明液体压强与液体密度、深度成正比？

超级链接

在几百年前，帕斯卡注意到一些生活现象，如没有灌水的水龙带是扁的。水龙带接到自来水龙头上，灌进水，就变成圆柱形了。如果水龙带上有几个眼，就会有水从小眼里喷出来，喷射的方向是向四面八方的。水是往前流的，为什么能把水龙带撑圆？

通过观察，帕斯卡设计了"帕斯卡球"实验，帕斯卡球是一个壁上有许多小孔的空心球，球上连接一个圆筒，筒里有可以移动的活塞。把水灌进球和筒里，向里压活塞，水便从各个小孔里喷射出来了，成了一支"多孔水枪"。

帕斯卡球的实验证明，液体能够把它所受到的压强向各个方向传递。通过观察发现每个孔喷出去水的距离差不多，这说明，每个孔所受到的压强都相同。

帕斯卡通过"帕斯卡球"实验，得出著名的帕斯卡定律：加在密闭液体任一部分的压强，必然按其原来的大小，由液体向各个方向传递。

我们在理解了液体压强的决定因素后，就能够解释为什么潜水员在海底不同深度潜水时要穿着不同的潜水服，拦河坝为什么是上窄下宽的，以及为什么陆地上的人很少看到活着的深水鱼等等现象了。

13. 谁能拉开两本书

摩擦力和大气压力就在我们身边，用一个小实验来感受它们的存在吧！

Tools 材料和工具

- 两本大小相同的较厚的书

Process 游戏步骤

把两本书每隔两三页相互交叉地叠在一起，在交叉处轻轻拍一下，然后试试你能否把两本书拉开。

在做之前也许你会觉得这是一件轻而易举的事情，实际操作一下，怎么样？很难拉开吧！

当两本厚书交叉着叠在一起后，每一层叠放的书页之间都有摩擦力，再轻拍一下，便把空气挤出来，书页与书页之间气压较小，在用力拉开两书的瞬间，两书中的少量空气又被挤出来，大气压力把书压得很紧，使书页之间的摩擦力变得很大，因此怎么用力也拉不开。

问一问

1. 为什么鞋底有花纹？比一比哪种鞋底更耐滑？这对你购买鞋子有什么启示？

2. 你知道摩擦力分为哪几类吗？能不能举例说一说？

3. 在日常生活中，有哪些增大或减小摩擦的例子？

4. 和小伙伴一起辩一辩：摩擦力有益 VS 摩擦力有害。

 超级链接

摩擦力是一个重要的力，它在社会生产生活中有着广泛的应用，如人们在光滑的地面上行走非常困难，这是因为接触面摩擦太小的缘故，汽车上坡打滑时，在路面上撒些粗石子或垫上稻草，汽车就能顺利前进，这是靠增大粗糙程度而增大摩擦力，鞋底做成各种花纹也是增大接触面的粗糙程度而增大摩擦，滑冰运动员穿的滑冰鞋安装滚珠是变滑动摩擦为滚动摩

轮胎上的花纹是为了增大
接触面的粗糙程度中增大摩擦

边玩边学物理

擦，从而减少摩擦而增大滑行速度，各类机器中加润滑是为了减少齿

鞋底做成各种花纹是增大接触面的粗糙程度而增大摩擦

轮间的摩擦，保证机器的良好运行。可见，人类的生产生活实际都和摩擦里有关，有益的摩擦要充分利用，有害的摩擦要尽量减少。

操场上的橡胶跑道也是为了增大摩擦力

14. 走马灯

　　加热空气，造成气流，并以气流推动轮轴旋转，按此原理造成的旋转灯笼就是走马灯。走马灯的发明，至晚在宋代。宋代吴自牧的著作《梦粱录》述及南宋京城临安夜市时，已指出其中有买卖走马灯的。周密《武林旧事》在记述临安灯品时也说："若沙戏影灯，马骑人物，旋转如飞。"可见，走马灯在南宋时已极为盛行。

　　现在我们也来自己动手做一做走马灯吧！

Tools　材料和工具

- 胶水
- 铅笔
- 各种彩纸（方形或圆形纸片）
- 细铁丝一段
- 印有奔马的纸片
- 子母扣
- 直尺
- 圆规
- 缝衣针
- 剪刀

（1）把红纸剪成如图一方一圆，方的为 36 厘米×14 厘米，圆的直径 12 厘米，方的做圆筒，圆的做顶盖（风轮）。

（2）把圆筒一端边剪成许多小齿，粘上胶水，以便贴顶盖。

（3）做顶盖上的风轮：把圆形纸中央剪出 8 个小窗门，每个窗门半开着，方向要一致。做完之后把它粘在圆筒上。

（4）用细铁丝做支架，做成双环状套在台灯灯泡上，尖端顶在顶盖的圆心处，为了耐用，圆心处嵌上子母扣作为轴承。

（5）将灯笼内安放好蜡烛，将蜡烛点燃后，灯笼就可以旋转起来了。如果事先在圆筒上贴些剪纸或者画些图案（如车马之类），它们的影子投射到灯笼纸罩上。从外面看，便成为清末《燕京岁时记》一书中所述"车驰马骤、团团不休"之景况，这便是走马灯。

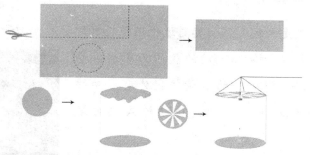

P hysics 物理原理

粗粗一看，灯笼中间点燃的这支蜡烛，它的作用无非是照亮那只会旋转的圆筒形纸屏，使人们看到上面的图画。可是除了这一点外，它在这盏灯中间还起了一个非常重要的作用，就是供给灯笼转动的动力。

当这支蜡烛点燃后，圆筒形纸屏内部的空气就被它烧热了，空气

一
无
处
不
在
的
力
和
运
动

47

一热就上升，当上升的空气经过纸屏顶上的那个风车的时候，完全同一股风经过它一样，会把它吹得转动起来。风车既然是连在这圆筒纸屏上，因此也就把纸屏带转动起来，当圆筒形纸屏内部原有的空气向上跑掉了，外面的空气就立刻从下面补充进来，因此就有源源不断的上升的热空气吹动那风车，使纸屏不停地转动，直到蜡烛熄灭为止。

问一问

1. 请父母周末带你去灯具市场逛一逛，实地考察一下走马灯，看看各式各样的灯具，了解它们都有什么优点，体会科技带给人们的便利和生活品位的变化。

2. 请你了解一下近几次工业革命的历程。

超级链接

走马灯虽是个玩具，但其与近代燃气轮机的原理，却如出一辙。

燃气轮机是以连续流动的气体为工质带动叶轮高速旋转，将燃料的能量转变为有用功的内燃式动力机械，是一种旋转叶轮式热力发动机。

走马灯

中国在公元 12 世纪的南宋高宗年间就已有走马灯的记载，它是涡轮机（透平）的雏形。15 世纪末，意大利人列奥纳多·达·芬奇设计出烟气转动装置，其原理与走马灯相同。至 17 世纪中叶，透平原理在欧洲得到了较多应用。1791 年，英国人巴伯首次描述了燃气轮机的工作过程；1872 年，德国人施托尔策设计了一台燃气轮机，并于 1900～1904 年进行了试验，但因始终未能脱开启动机独立运行而失败；1905 年，法国人勒梅尔和阿芒戈制成第一台能输出功的燃气轮机，但效率太低，因而未获得实用。

15. 小桶反滚

用很常见的那种圆柱形罐头盒，可以做许多有趣的小玩意。这种罐头盒有一个基本的玩法——滚动。只要你把罐头盒往地上一扔，它就会在地面滚动一段距离。假如我们让大家比赛谁能把罐头盒滚得远，那就没什么意思了，除了扔的时候注意掌握一点大家都知道的姿势外，就看谁的力气大了。谁的力气大，谁就扔得远。

现在，我们要求你经过一些小小的改进，能使扔出去的罐头盒自动地滚回来。你能做到吗？下面，大家可以自己动脑筋、想办法，把这个"奇妙的自动反滚筒"做成功。

T ools 材料和工具

- 塑料圆筒（两侧带盖）
- 橡皮筋
- 细线
- 重物
- 锥子

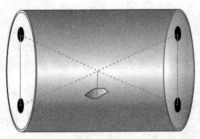

Process 游戏步骤

（1）用锥子将塑料两侧的塑料盖上个扎两个圆孔，两孔的间距尽量大些，孔的大小能穿过橡皮筋即可；

（2）将橡皮筋间穿入两个孔内，并重新系好，两个盖各系一根；

（3）用细线将两根橡皮筋在圆筒内部系在一起，并在打结处系好重物，将两个盖子盖好就完成了；

（4）将圆筒平放在水平面上，轻轻推一下圆筒，圆筒会沿着手推的方向滚去，越滚越慢，当圆筒停下来后，会奇迹般地往回滚，能滚到接近开始运动的地方。

Physics 物理原理

圆筒之所以往回滚的原因就在于处在圆筒内部的橡皮筋和重物。当圆筒向前滚动时，由于重物的作用，圆筒内的橡皮筋发生扭转形变，这样圆筒滚动的动能就逐渐转化为橡皮筋的弹性势能，所以我们看到圆筒越滚越慢，当圆筒的速度减为零时，圆筒的动能完全转化为橡皮筋的弹性势能，就将能量储存起来。然后橡皮筋的弹性势能再释放出来，转化为动能，所以圆筒不会停下来，而是往回滚。

问一问

1. 你还能举出其他能量转化的例子吗？

2. 看看家里有没有机械表，就是需要上发条的那种，请你研究研究它的工作原理。

3. 在灯绳上挂一个大一点的螺母，保持灯绳绷直，用手将螺母拉高一点，轻轻释放，观察有什么现象，请你试着解释原因。

4. 两个完全相同的玻璃瓶，一个装满沙，另一个装满水，放在同一斜面上滑下，到达底端时哪个瓶子滚得快？你能从能量的角度说说为什么吗？

 超级链接

为什么滑水运动员不会掉到水里呢

看到滑水运动员在水上乘风破浪快速滑行时。你有没有想过，为什么滑水运动员站在滑板上不会沉下去呢？

滑水

原因就在这块小小的滑板上。你看，滑水运动员在滑水时，总是身体向后倾斜，双脚向前用力蹬滑板，使滑板和水面有一个夹角。当前面的游艇通过牵绳拖着运动员时，运动员就通过滑板对水面施加了一个斜向下的力。而且，游艇对运动员的牵引力越大，运动员对水面施加的这个力也越大。因为水不易被压缩，根据牛顿第三定律（作用力与反作用力定律），水面就会通过滑板反过来对运动员产生一个斜向上的反作用力。这个反作用力在竖直方向的分力等于运动员的重力时，运动员就不会下沉。因此，滑水运动员只要依靠技巧，控制好脚下滑板的倾斜角度，就能在水面上快速滑行。

二、让人又爱又怕的电

1. 被吸起的纸蝴蝶

蝴蝶优美的舞姿想必大家都很熟悉了，今天我们就让一只纸蝴蝶翩翩起舞。不信的话，赶快准备材料和工具，自己动手试试吧！

Tools 材料和工具

- 皱纹纸
- 塑料吸管
- 彩笔若干
- 剪刀

Process 游戏步骤

（1）模仿图片上的蝴蝶形状用剪刀在皱纹纸上剪出一个漂亮的蝴蝶，并用彩笔涂上你喜欢的颜色，使这只纸蝴蝶显得栩栩如生。

（2）用塑料管靠近纸蝴蝶，可观察到纸蝴蝶没有动。

（3）然后用塑料管使劲擦擦头发，然后靠近纸蝴蝶，可发现纸蝴蝶被吸起来了。

Physics 物理原理

任何物体都是由原子构成的，而原子由带正电的原子核和带负电的电子组成，电子绕着原子核运动。在通常情况下，原子核带的正电荷数跟核外电子带的负电荷数相等，原子不显电性，所以整个物体是中性的。原子核里正电荷数量很难改变，而核外电子却能摆脱原子核的束缚，转移到另一物体上，从而使核外电子带的负电荷数目改变。当物体失去电子时，它的电子带的负电荷总数比原子核的正电荷少，就显示出带正电；相反，本来是中性的物体，当得到电子时，它就显示出带负电。

两个物体互相摩擦时，其中必定有一个物体失去一些电子，另一个物体得到多余的电子。如用玻璃棒跟丝绸摩擦，玻璃棒的一些电子转移到丝绸上，玻璃棒因失去电子而带正电，丝绸因得到电子而带等量负电。用橡胶棒跟毛皮摩擦，毛皮的一些电子转移到橡胶棒上，毛皮带正电，橡胶棒带着等量的负电。塑料管与头发摩擦后，就是这样带上电的。而带电物体有吸引轻小物体的性质，因此，这只纸蝴蝶才能被吸引，技术娴熟的话，还能让它翩翩起舞呐！

看看在你家中还能找到多少产生摩擦起电的物品？看看它们能不能像你做的纸蝴蝶一样被吸起呢？

 超级链接

用摩擦的方法使两个不同的物体带电的现象，叫摩擦起电（或两种不同的物体相互摩擦后，一种物体带正电，另一种物体带负电的现象）。摩擦起电是电子由一个物体转移到另一个物体的结果。因此原来不带电的两个物体摩擦起电时，它们所带的电量在数值上必然相等。

任何两个物体摩擦，都可以起电。18世纪中期，美国科学家本杰明·富兰克林经过分析和研究，认为有两种性质不同的电，叫做正电和负电。物体因摩擦而带的电，不是正电就是负电。科学上规定：与用丝绸摩擦过的玻璃棒所带的电相同的，叫做正电；与用毛皮摩擦过的橡胶棒带的电相同的，叫做负电。

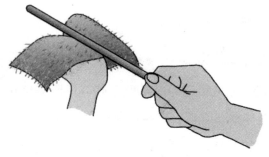

用毛皮摩擦过的橡胶棒带负电

摩擦起电只是一种现象。两个物体互相摩擦时，因为不同物体的原子核束缚核外电子的本领不同，所以其中必定有一个物体失去一些电

二 让人又爱又怕的电

55

子，另一个物体得到多余的电子。如用玻璃棒跟丝绸摩擦，玻璃棒的一些电子转移到丝绸上，玻璃棒因失去电子而带正电，丝绸因得到电子而带等负电。用橡胶棒跟毛皮摩擦，毛皮的一些电子转移到橡胶棒上，毛皮带正电，橡胶棒带着等量的负电。

2. 导电的木头

我们知道，通常情况下木头是绝缘体，是不可以导电的。那就让我们做下面这个有趣的小游戏，看看你会有什么新的发现。

Tools 材料和工具

- 木质铅笔
- 蜡烛
- 电阻表
- 两端带有鳄鱼夹的导线

Process 游戏步骤

（1）用电阻表测量铅笔的电阻值，此时电阻表的电阻值为无穷大。这意味着它的电导率非常低。电阻值越高，电导率越低。

（2）把这支铅笔在水中浸泡几分钟，再次测量它的电阻值，并记录其结果，看看其电阻值是否有些变化。

（3）在水中加入食用盐，重复上述实验，记录其结果，会发现它的电阻值会变小。

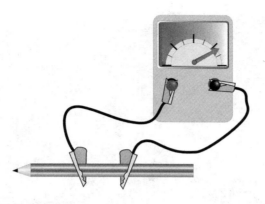

Physics 物理原理

有些物体在正常条件下是绝缘体，但在某些条件下会变成导电体。如果有人触到了电线杆上掉下来的电线，人们可以用树枝或扫帚把电线安全地挑开，因为木头是绝缘体。但是被雨淋湿过的或在水中浸泡过的木头是会导电的，就不能用来作为绝缘体挑开电线。

想一想

想一想，你还能举出什么例子来说明绝缘体是可以变成导电体的？

超级链接

不善于传导电流的物质称为绝缘体，绝缘体又称为电解质。它们的电阻率极高。

绝缘体的种类很多，固体的如塑料、橡胶、玻璃、陶瓷等；液体的如各种天然矿物油、硅油、三氯联苯等；气体的如空气、二氧化碳、六氟化硫等。

绝缘体在某些外界条件，如加热、加高压等影响下，会被"击穿"，而转化为导体。在未被击穿之前，绝缘体也不是绝对不导电的物

精美的陶瓷餐具就是绝缘体

体。如果在绝缘材料两端施加电压，材料中将会出现微弱的电流。

3. 电视机的功与过

目前，电视机已经走进了千家万户，有许多家庭甚至还拥有两台以上。足不出户，却能时时知晓天下大事，电视机已成为不可或缺的家用电器。但是在观看电视机的时候，有多少人注意到了面前的电视机一直在泄漏着相当高能量的电磁波辐射污染呢？当人们看电视时，坐的太靠近电视机是否对人体健康有害的问题长期以来一直争论不休。现在我们就做一个小实验来验证一下。

Tools 材料和工具

- 两只长形气球

- 一台电视机
- 一根细线
- 米尺一根或木棍一条

P rocess **游戏步骤**

（1）把一个气球吹起来，在气球的中间系上一根细线使其吊起来能保持平衡。

（2）把细线的另一头系在米尺的中心，在电视机前放两把椅子，把米尺担在两把椅子的靠背上，使气球吊在电视机屏幕的正前面，使气球距离电视机屏幕大约20～30厘米。

（3）打开电视机，注意观察气球是向着远离电视机的方向移动还是向着靠近电视机的方向移动。

（4）关掉电视机，把另一支气球移到吊在细线上的那个气球附近，请观察它们会相互吸引还是相互排斥。

P hysics **物理原理**

通过观察气球的移动方向，我们可以测定出由电视机显像管放射出一种不可见的能量场。它对人体的伤害主要表现在3个方面：一是正电离子，二是各种强光与反射光，三是低频辐射，这是最严重也是最不易察觉的一种伤害，它就是电视机屏幕内的显像管发射的微量紫外线。这是因为在电视使用电子射枪式进行逐行扫描时，会产生辐射存在于电视机周围，尤其是电视机的1米范围内辐射最强。

传统显像管电视的辐射多来自于电视机的侧面和后面。传统显像管是通过电子撞击荧光粉起作用的，电子束在打到荧光粉上的一刹那会产生电磁辐射。尽管许多显像管产品在减少辐射上进行了比较有效的处理，但要彻底消除还是困难的。相对而言，液晶电视机和等离子电视机的辐射就小很多，可以说基本没有辐射。

想一想

想一想，除了电视机，还有哪些家用电器也可能产生对我们人体有害的辐射呢？你能讲出它们的原理吗？

超级链接

那么，到底该如何预防或者减少电视机的辐射呢？

（1）避免电视机与其他多种家电同时启用。

（2）看电视时室内有适当照明，屏幕不宜太亮，平时看电视要平视或稍俯视，不要关灯看电视。

看电视的时间不宜过长

（3）可以在显示屏上贴保护膜或滤光膜。有条件的家庭最好使用液晶电视和等离子电视。

（4）看电视的距离要适中，以荧光屏对角线的 4~5 倍距离最好。

（5）看电视时间不宜太长，不要连续超过 2 小时，看电视中间穿插一些运动或者每隔 30 分钟休息一下。

（6）看完电视洗洗脸，及时清理面部皮肤吸收的辐射物质。

（7）在家里种植仙人掌、仙人球等植物；在电视机前放些吸波材料，如竹炭等。

此外，在饮食上，应该多吃一些胡萝卜、西红柿、海带、瘦肉、动物肝脏等富含维生素 A、维生素 C 和蛋白质的食物，加强机体抵抗电磁辐射的能力。

4. 巧妙分离胡椒粉和盐

灰姑娘的故事令人同情，故事中帮助灰姑娘分离了红豆和绿豆的小鸟是那么的可爱，现在，有一个类似的游戏等着我们来玩，把粗盐粒和胡椒面掺和在一起，你能帮我们很快把它们再分开来吗？

Tools 材料和工具

- 粗盐粒
- 胡椒面
- 毛衣
- 塑料汤勺

每人面前放两勺盐、一勺胡椒面、一把塑料小汤勺，参加比赛者的同学同时开始，谁最先分完，谁为优胜。

要想胜出，就得求助于聪明的大脑。只听得裁判一声令下，小明同学把塑料汤勺先在毛衣上摩擦了一会儿，然后把它逐渐靠近盐和胡椒面的混合物。这时，胡椒面自动跳了起来，吸附在塑料汤勺上。用这个方法，他很快把盐粒和胡椒面分开了，赢得了这场比赛。

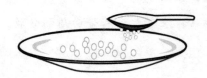

说明：这个游戏可以一个人玩，也可以几个人同时进行。分离胡椒粉和粗盐粒有多种办法，看谁的方法又好又快。

注意：小明的玩法是不要把汤勺放得太低，否则盐粒也会被吸起来。

Physics 物理原理

小明利用了静电的知识，塑料汤勺经过摩擦后能够起电，成为带电体，带电体可以吸引轻小物体，胡椒面比盐粒轻，所以容易被吸起来。

想一想

1. 给你两只小气球，不用钉子，怎样把它们挂在墙上？

2. 找一把塑料梳子，再用废纸做一些碎纸屑，把刚梳完头的梳子靠近碎纸屑，仔细观察，先后出现哪些现象？

超级链接

　　漆黑的夜晚，我们脱尼龙、毛料衣服时，会发出火花和"叭叭"的响声，这也是静电现象。静电喷涂、静电除尘等技术，已在工业生产和生活中得到广泛应用。

　　另外，在一些情况下也要想办法避免静电的危害，如：纸页之间的静电会使纸页黏合在一起，给印刷带来麻烦；电脑屏幕表面的静电容易吸附灰尘和油污，使它变脏。

　　再如，有时在马路上，我们经常会看到有一种奇怪的现象，油罐车会拖着一条长长的铁链，这条铁链把汽车底盘与路面连接起来。这跟铁链是多余的吗？原来，汽车在行驶的过程中轮胎与地面的摩擦会产生大量的静电。而轮胎又是不导电的，这样就会使汽车积聚大量的电能，对油罐车来说，小小的火花就能引起一场大火灾，因为油罐当中的油在汽车运行当中会在里面来回摇晃，与油罐的金属壁产生摩擦，从而产生静电，当静电电量达到一定程度，就会产生火花，既而引起油箱内着火爆炸，所以，用一条铁链连通油罐壁到地上，目的是将静电导流入地下，就和三孔插头的地线一样。

5. 让人又爱又怕的静电

　　静电是怎么产生的呢？做完这个小游戏，你应该对静电会有初步的了解，大家快来一起做吧！

Tools 材料和工具

- 可乐罐
- 气球

Process 游戏步骤

（1）把一个空的可乐罐放在一个光滑的地面上；

（2）把气球吹起来在头发上摩擦几下；

（3）使气球慢慢接近可乐罐，观察发生的现象；

（4）空的可乐罐缓缓滚动起来。

Physics 物理原理

原子中带电荷的是电子和质子，当两个质子靠近时，它们相互排斥。如果一个质子和一个电子靠近，它们就相互吸引。为什么质子和质子相互排斥，而质子同电子相互吸引呢？原因是它们带有相反的电荷，质子带的是正电荷，电子带的是负电荷，电荷之间的相互作用使空的可乐罐滚动起来。

想一想

常见的静电现象还有什么？动动脑筋看看你可以说出来吗？

超级链接

用摩擦的方法使物体带电，叫做摩擦起电。如果你路过加油站，或许可以看到一条很醒目的标语："严禁用塑料桶装运汽油。"这是为什么呢？

因为在运输汽油的汽车产生颠簸时，油与桶之间会摩擦起电，塑料是绝缘体，大量的电荷聚在一起不能被导出，形成电火花。汽油遇到明火容易发生爆炸。塑料桶装汽油潜在危险无限大。这是因为塑料桶是采用聚乙烯、聚氯乙烯等高分子绝缘材料做成，而汽油属于一级甲类易燃液体。用塑料桶装汽油在灌装、倒出的过程中，汽油与塑料桶壁互相摩擦，接触电位差产生电子移动，致使正负电荷出现，产生静电。实践证明，用一个125升的塑料桶装满汽油，在倒出时，汽油在流量大、流速快的情况下，当积聚的电荷达到一定电压，就可能放电产生静电火花，引燃汽油或汽油与空气的混合气体，发生燃烧或爆炸。所以这条标语的目的是提醒人们注意安全，以免发生危险。

6. 能储存电荷的杯子

同学们知道什么是静电杯吗？它是一种能够储存电荷的杯子。其实不需要花钱，自己就可以制作一个，不妨试试吧！

Ｔools 材料和工具

• 两只一次性杯子

- 铝箔
- 一块旧的丝绸或羊毛围巾
- 一根约4厘米粗的有机玻璃棒
- 双面胶

Process 游戏步骤

（1）分别在一只杯子的外壁和另一只杯子内壁用双面胶贴满铝箔，要求尽可能贴平整。

（2）在内壁粘贴包裹的杯子口上引出一条铝箔剪成的电极，然后将内壁贴铝箔的套子套入外壁贴铝箔杯子中，略加紧贴即制成静电杯。

（3）用一块旧的丝绸或羊毛围巾包裹着一根约4厘米粗的有机玻璃棒反复摩擦，并一次次地对静电杯进行充电。

（4）待充电多次后，一只手握住静电杯，另一只手触摸静电杯引出电极，你就会感到强烈的麻电刺激。

Physics 物理原理

这个游戏就是利用了摩擦起电的原理，将摩擦产生的静电，充储在简易电容器中，然后对已充电的电容器形成回路，让人体验到静电的存在与刺激。

想一想

既然这是个带电的杯子，那它会对人体造成伤害吗？

超级链接

静电的厉害是众所周知的，但是经常会被人们忽视，造成极大的灾难。因此，充分认识静电的作用和危害非常必要。

静电危害的防止措施主要有减少静电的产生、设法导走或消散静电和防止静电放电等。其方法有接地法、中和法和防止人体带静电等。具体采用哪种方法，要根据实际情况，加以综合考虑后选用。

1. 接地

接地是消除静电最简单最基本的方法，它可以迅速地导走静电。但要注意带静电物体的接地线，必须连接牢固，并有足够的机械强度，否则在松断部位可能会产生火化。

2. 静电中和

绝缘体上的静电不能用接地的方法来消除，但可以利用极性相反的电荷来中和，目前"中和静电"的方法是采用感应式消电器。消电器的作用原理是：当消电器的尖端接近带电体时，在尖端上能感应出极性与带电体上静电极性相反的电荷，并在尖端附近形成很强的电场，该电场使空气电离后，产生正、负离子在电场作用下，分别向带电体和消电器的接地尖端移动，由此促使静电中和。

3. 防止人体带静电

人在行走、穿、脱衣服或坐椅上起立时，都会产生静电，这也是一种危险的火花源，经试验，其能量足以引燃石油类蒸气。因此，在易燃的环境中，最好不要穿化纤类衣物，在放有危险性很大的炸药、氢气、乙炔等物质的场所，应穿用导电纤维制成的防静电工作服和导电橡胶做成的防静电鞋。

7. 人造雷电

雷电是大气中的放电现象，多形成在积雨云中，积雨云随着温度和气流的变化会不停地运动，运动中摩擦生电，就形成了带电荷的云层，某些云层带有正电荷，另一些云层带有负电荷。另外，由于静电感应常使云层下面的建筑物、树木等带有异性电荷。随着电荷的积累，雷云的电压逐渐升高，当带有不同电荷的雷云与大地凸出物相互接近到一定程

电闪雷鸣是一种自然现象

度时，其间的电场超过25～30千伏/厘米，将发生激烈的放电，同时出现强烈的闪光。由于放电时温度高达2000℃，空气受热急剧膨胀，随之发生爆炸的轰鸣声，这就是闪电与雷鸣。

那么，如何在试验中模拟自然界中的闪电呢？今天我们就一起来试试！

Ｔools　材料和工具

- 一个电容器
- 一个密闭容器

Ｐrocess　游戏步骤

（1）把一个电容器置于密闭的容器中，在较热的环境中向容器内通入少量的水蒸气和负电荷，测量电容器的电容量。

（2）然后把密闭容器置于较冷的环境中，让水蒸气凝结，再来测量，你会发现此时电容器的电容量会明显增加。

（3）如果制作一个大型的类似装置，就可以模拟人造雷电。

Ｐhysics　物理原理

其实雷电是水蒸气相变成雨时的附产物。我们在讨论摩擦生电时，谈到丝绸、皮毛等天然物质能与自然有很好的交流，能把摩擦所携带的电荷传到周围的大气之中，可见大气之中总是蕴含着大量的电荷（主要是负电荷），大气中的电荷总是蕴藏在水蒸气之中。

因为在大气中，相对于氮气、氧气，水蒸气的分子较大；相对于二氧化碳，水蒸气的核外电子数少，又是围绕着三核心（两个氢和一个

二

让人又爱又怕的电

氧）进行着空间立体运转，因而水蒸气三核心的外电子不饱满，空气中的游离电子易受到水蒸气核心的吸引，成了水蒸气核外电子的加入组成部分。每个水蒸气分子都加入了额外的电子，于是，水蒸气成了大气中负电荷的载体，也可以认为水蒸气是大气中的微型电容。

下雨前，水蒸气遇到低温，水蒸气的价和电子速率降低，由空间立体运转进入到扭曲运转，水蒸气凝华，分子相互吸引、相聚，形成由气体到液体的相变，这时水蒸气中的加入成分——多出的电子就没有了藏身之地，水蒸气聚合成云，多出的电子形成了云层中游离的电荷，多出的电荷没有了去处、被驱赶，形成了非常规电磁波——形成了云层里的电压。

云层是大量水蒸气相变成小水滴的集合，因而附近也就聚集了大量的电荷，能形成很高的电压。云层之间、云层与大地之间电位差巨大，冲开一条路，就是壮观的闪电现象。电荷在大气中穿行，引起空气剧烈地震动，形成了隆隆的雷声。

想一想

1. 雷电有哪些危害？要如何避免雷害？

2. 假如你和朋友去野外游玩，议一议：雷雨天气下如何保护同伴和自己的安全？

3. 雷电对生产生活有哪些影响？怎样在避免雷害的同时利用雷电？请你查一查资料并和小组同学讨论。

超级链接

知道了雷电就是自然界中的放电现象，就要尽量避免雷电带来的危害。人们发明了避雷针。带正电（缺少电子）的云层靠近地面，那么避雷针就会把大地的电子释放给云层，让它中和（不再缺少电子）；带负电的云层（大量多余电子）靠近地面，避雷针就会把它多余的电子，吸收回地面，让它不再有多余电子。避雷针是和大地相连接的，直接连接云层和大地，所以，能避免让建筑物经过电流，造成危害。

现代避雷针是美国科学家富兰克林发明的。富兰克林认为闪电是一种放电现象。为了证明这一点，他在 1752 年 7 月的一个雷雨天，冒着被雷击的危险，将一个系着长长金属导线的风筝放飞进雷雨云中，在金属线末端拴了一串银钥匙。当雷电发生时，富兰克林手接近钥匙，钥匙上迸出一串电火花。手上还有麻木感。幸亏这次传下来的闪电比较弱，富兰克林没有受伤。

注意：这个试验是很危险的，千万不要擅自尝试。1753 年，俄国著名电学家利赫曼为了验证富兰克林的实验，不幸被雷电击死，这是做雷电实验的第一个牺牲者。

在成功地进行了捕捉雷电的风筝实验之后，富兰克林在研究闪电与人工摩擦产生的电的一致性时，他就从两者的类比中作出过这样的推测：既然人工产生的电能被尖端吸收，那么闪电也能被尖端吸收。他由此设计了风筝实验，而风筝实验的成功反过来又证实了他的推测。他由此设想，若能在高物上安置一种尖端装置，就有可能把雷电引入地下。富兰克林把这种避雷装置：把一根数米长的细铁棒固定在高大建筑物的顶端，在铁棒与建筑物之间用绝缘体隔开。然后用一根导线与铁棒底端连接。再将导线引入地下。富兰克林把这种避雷装置称为避雷针。经过试用，果然能起到避雷的作用。避雷针的发明是早期电学研究中的第一个有重大应用价值的技术成果。

8. 蔬菜电池

蔬菜是我们的膳食中不可缺少的组成部分，但你想过没有，它不仅可以用来吃，还可以做成电池呢！神奇吧，大家快动手做做看！

Tools 材料和工具

- 锌片
- 铜片
- 小灯泡
- 西红柿
- 铜丝

Process 游戏步骤

（1）在一个西红柿的两端分别插进铜片和锌片；

（2）然后将铜丝分别拧在铜片和锌片上；

（3）再将其与小灯泡相连，使它们形成一个圆形的闭合电路；

（4）这时，小灯泡亮了。

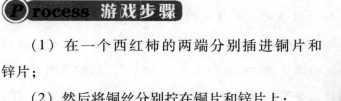

Physics 物理原理

因为西红柿的里面有丰富的汁液，而这些汁液呈酸性，金属铜和锌受到酸的作用，锌片会失去电子，铜片会得到电子，这样铜片就带了正

边玩边学物理

电，锌片带了负电。当电子由铜片流向锌片时，电路上就产生了电流，所以灯泡就亮了。

想一想

试试其他的蔬菜可不可以？

超级链接

在古代，人类有可能已经不断地在研究和测试"电"这种东西了。一个被认为有数千年历史的黏土瓶在 1932 年于伊拉克的巴格达附近被发现。它有一根插在铜制圆筒里的铁条——可能是用来储存静电用的，然而瓶子的秘密可能永远无法被揭晓。

不管制造这个黏土瓶的祖先是否知道有关静电的事情，但可以确定的是古希腊人绝对知道如果摩擦一块琥珀，就能吸引轻的物体。大哲学家、思想家亚里士多德也知道有磁石这种东西，它是一种具有强大磁力能吸引铁和金属的矿石。

1780 年，意大利解剖学家伽伐尼在做青蛙解剖时，两手分别拿着不同的金属器械，无意中同时碰在青蛙的大腿上，青蛙腿部的肌肉立刻抽搐了一下，仿佛受到电流的刺激，而只用一种金属器械去触动青蛙，却并无此种反应。伽伐尼认为，出现这种现象是因为动物躯体内部产生的一种电，他称之为"生物电"。伽伐尼于 1791 年将此实验结果写成论文，公布于学术界。

伽伐尼的发现引起了物理学家们极大兴趣，他们竞相重复枷伐尼的实验，企图找到一种产生电流的方法，意大利物理学家伏特在多次实验后认为：伽伐尼的"生物电"之说并不正确，青蛙的肌肉之所以能产生电流，大概是肌肉中某种液体在起作用。为了论证自己的观点，伏特把两种不同的金属片浸在各种溶液中进行试验。结果发现，这两种金属片中，只要有一种与溶液发生了化学反应，金属片之间就能够产生电流。

9. 水果电池

我们知道了蔬菜可以做成电池，那么水果呢？应该也可以吧，不妨试试看。

Tools 材料和工具

- 3 个柠檬或橘子
- 铜皮
- 锌片（干电池装药筒是锌筒，拆下的电池材料应妥善处理，最好送到电池回收筒里）
- 小型红色发光二极管
- 红、黑导线
- 电烙铁（如果没有可用钉子、铁锤）
- 剪刀
- 学生电压表（或多用表）

Process 游戏步骤

（1）将导线剪成 10 厘米长（红、黑各 2 根），铜皮和锌片剪成 3 厘米宽、5 厘米长的形状各 3 片，用电烙铁在一块铜皮角上焊一根红导

边玩边学物理

线，在锌片上焊一根黑导线，然后再将另外四片金属片按一铜一锌连接起来（如果没有电烙铁，则可以用铁钉和铁锤在每个加工好的金属片上打的一端打一个孔，再用导线穿孔的方式连接起来）。

（2）首先用手将柠檬或橘子揉捏，使它变软，让里面的汁水渗出来，但不要弄破，然后把焊有红线的铜片和焊有黑线的锌片插入柠檬中（处于两侧，不能相碰），这样一个水果电池就做好了，铜片为电池的正极（焊有红线），锌片为电池负极（焊有黑线）。

（3）用学生电压表（3V 档）或多用表（2V 档）测量一下电压，看看你的水果电池有电吗？

（4）把发光二极管接上（长脚端接电源正极，短脚端接电源负极），发光二极管会发光吗？接上发光二极管后再测量一下电压，此时电池电压是多大？点亮红色发光二极管一般需要 2.2V 电压，你有办法么？

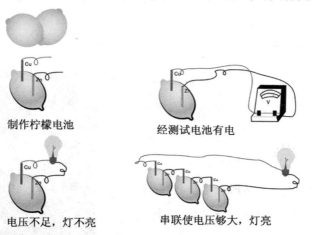

制作柠檬电池　　　　经测试电池有电

电压不足，灯不亮　　　串联使电压够大，灯亮

Physics 物理原理

现象 1：电压表指针发生偏转（多用表有示数），说明电池有电。水果电池的确可以在两极板间产生电压，这就是我们可以制作的"原

电池"。原电池的基本原理是：将两种活泼性不同的金属（或石墨）用导线连接后插入电解质溶液中使得两极板间发生氧化反应和还原反应。原电池中，较活泼的金属做负极，较不活泼的金属做正极。我们的原电池中插在水果中的锌片是负极，它本身容易失电子发生氧化反应，电子沿导线流向正极，正极上一般为电解质溶液中的正离子得到电子发生还原反应。在原电池中，外电路为电子导电，电解质溶液中为离子导电。

现象2： 把发光二极管接到电池两端时发光二极管不发光；测量一下电压，发现此时电压较低，不能使发光二极管发光。如果要点亮发光二极管需要提高电池电压，将几个水果电池串接起来可以达到提高电压的目的。经实验，三节这样的水果电池一般可以使发光二极管发出微弱的红光。

想一想

你能将原电池的各部件与水果电池中各部件相对应吗？

超级链接

1799 年，伏特把一块锌板和一块银板浸在盐水里，发现连接两块金属的导线中有电流通过。于是，他就在许多锌片与银片之间垫上浸透盐水的绒布或纸片，平叠起来。用手触摸两端时，会感到强烈的电流刺激。伏特用这种方法成功的制成了世界上第一个电池——"伏特电堆"。这个"伏特电堆"实际上就是串联的电池组。它成为早期电学实验、电报机的电力来源。

意大利物理学家伏特

1836 年，英国的丹尼尔对"伏特电堆"进行了改良。他使用稀硫酸做电解液，解决了电池极化问题，制造出第一个不极化，能保持平衡电流的锌—铜电池，又称"丹尼尔电池"。此后，又陆续有去极化效果更好的"本生电池"和"格罗夫电池"等问世。但是，这些电池都存在电压随使用时间延长而下降的问题。

1860年，法国的普朗泰发明出用铅做电极的电池。这种电池的独特之处是，当电池使用一段使电压下降时，可以给它通以反向电流，使电池电压回升。因为这种电池能充电，可以反复使用，所以称它为"蓄电池"。

10. 铁笼中的小动物

小鸟为什么停在高压线上却不会触电，你知道其中的道理吗？仔细看看这个实验你就会明白了。

🅣ools 材料和工具

- 铁丝编制的小笼子
- 小动物（能够放进铁笼的小鸟、鼠类等）
- 静电起电机（或高压感应圈，一般学校物理实验室有这些设备）
- 夹子长导线
- 放电杆
- 铁丝

🅟rocess 游戏步骤

（1）在晴朗、干燥的天气里将小动物放进铁笼；把铁笼放在木

桌上；

（2）用一根导线连接起电机和铁笼，另一根导线连接放电杆；

（3）手持放电杆，摇动起电机并将放电杆靠近铁笼，当放电杆与铁笼之间发生电火花时，你看到笼里的小动物怎么样了？

（4）将铁丝缠在笼子上使留出约 5 厘米长的头；将放电杆在它周围移动，注意观察铁丝的哪个位置与放电杆发生放电现象。

注意：本游戏需在物理老师指导下进行，如果使用起电机需两人配合进行。

Physics 物理原理

现象 1：放电杆与铁笼放电产生电火花过程中笼里的小动物安然无恙。这是由于带电铁笼的电荷分布在铁笼的外表面，放电是发生在笼外的事，小动物身上并没有电流流过，因此小动物不会受到任何影响，这就是"静电屏蔽"现象。但如果把一根线接在小动物身上，用放电杆直接向小动物放电，情况就不一样了，电流会从小动物身上流过，对它会有很大的影响。

铁笼与放电杆之间产生电火花说明它们之间的电压很高，为什么在这样高的电压下小动物不会"触电"呢？这与小鸟站在高压线上的道理是一样的，高压线输送的电压很高，一般都在 10 万伏以上，而小鸟通常只能站在一根高压线上，此时它与高压线的电压是相同的，因此在它身上没有电流通过，小鸟也就不会"触电"了。

现象2：铁丝头与放电杆之间产生电火花。这是"尖端放电现象"，两个带电导体间发生放电现象时，通常在两个导体的尖端最容易发生放电现象。注意观察一下高一点的烟囱、楼房等建筑物的顶端都有比较尖的导体，这样的装置称为"避雷针"，它的作用是避免建筑物被雷击。

想一想

电力工人可以在几十万伏的高压线上工作即进行所谓的"高压带电作业"，利用的是什么原理？

超级链接

你听说过跨步电压吗？

跨步电压就是指电器设备发生接地故障时，在接地电流入地点周围电位分布区行走的人，其两脚之间的电压。

当架空线路的一根带电导线断落在地上时，落地点与带电导线的电势相同，电流就会从导线的落地点向大地流散，于是地面上以导线落地点为中心，形成了一个电势分布区域，离落地点越远，电流越分散，地面电势也越低。如果人或牲畜站在距离电线落地点8～10米以内。就可能发生触电事故，这种触电叫做跨步电压触电。

人受到跨步电压时，电流虽然是沿着人的下身，从脚经腿、胯部又到脚与大地形成通路，没有经过人体的重要器官，好像比较安全。但是实际并非如此！因为人受到较高的跨步电压作用时，双脚会抽筋，使身体倒在地上。这不仅使作用于身体上的电流增加，而且使电流经过人体的路径改变，完全可能流经人体重要器官，如从头到手或脚。经验证明，人倒地后电流在体内持续作用2秒钟，这种触电就会致命。

当你在野外遇到高压线折断落到地上时，以高压线落地点为圆心沿圆的直径方向每一步之间都有电压，要保证自己的生命安全千万不要以走路或跑步的方式离开，正确的方法是用"蹦"的方式沿与高压线连线的方向离开。

11. 盐电池

盐是我们生活中必不可少的一部分，虽然我们天天吃盐，但是大部分人不知道盐是可以做电池的。你知道吗？看看下面的实验就知道啦。

Tools 材料和工具

- 一根铝条
- 一根碳棒
- 一个玻璃杯
- 食盐
- 水
- 电流表
- 两根导线

Process 游戏步骤

（1）把一根铝条（用一根废旧的铝电线剥去外表皮）和一根碳棒（从废旧的电池中获得）放到一个玻璃杯中；

（2）用一根导线连接在铝条上，另一根导线连接到碳棒上；

（3）把二根导线的另一端接到电流表上（毫安）；

（4）给烧杯中倒入水并加入食盐并搅拌一下，几秒钟后观察一下电流表的指针，把指针对应的数字记录下来。

Physics 物理原理

当把某一对不同金属悬挂在电解液里时，在这对金属之间就会产生出一个电势，不同的金属电极和电解液之间会产生不同的电效果。有些组合可能不产生任何电，而另一些组合却是良好的生电器。试试不同的电解液如水、柠檬汁等。

想一想

盐除了可以吃，还可以做电池，你还能说出盐的其他用途吗？

超级链接

废旧电池的危害

我们日常所用的普通干电池，主要有酸性锌锰电池和碱性锌锰电池两类，它们都含有汞、锰、镉、铅、锌等各种金属物质，汞、锰、镉、铅、锌，这五种金属物质各有各的害处：如果锰过量蓄积于体内能引起神经性功能障碍，早期表现为综合性功能紊乱。较重者出现两腿发沉，语言单调，表情呆板，感情冷漠，常伴有精神症状。锌的盐类能使蛋白质沉淀，对皮膜黏膜有刺激作用。当在水中浓度超过 10～50 毫克/升时有致癌危险，可能引起化学性肺炎。铅作用于神经系统、活血系统、消化系统和肝、肾等器官能抑制血红蛋白的合成代谢过程，还能直接作用于成熟红细胞，对婴幼儿影响甚大，它将导致儿童体格发育迟缓，慢性铅中毒可导致儿童的智力低下。镍粉溶解于血液，参加体内循环，有较强的毒性，能损害中枢神经，引起血管变异，严重者导致癌症。

废旧电池危害大

我们用过的电池被遗弃后，电池的外壳会慢慢腐蚀，其中的重金属物质会逐渐渗入水体和土壤，造成污染。有关资料显示：一节电池产生的有害物质能污染60万升水，等于一个人一生的饮水量；一节烂在地里的一号电池能吞噬一平方米土地，并可造成永久性公害。我国是电池生产消费大国，电池的年产量高达140亿节，消费约100亿节，占世界总量的1/3。以全国13亿人口计算，假设每年每人用6节电池，那么这些电池可以污染46800亿立方米的水，相当于中国全年径流总量的1.73倍；也可使7800平方千米土地失去利用价值，这相当于1.23个上海或15个浦东新区的面积。据估计，全球每年约有320亿节废旧电池被丢弃，其危害之大不能不令人触目惊心！

三、不可思议的磁

1. 好玩的锯条

磁铁是物理学中常见的实验工具，它具有磁性，可以吸引铁、钴、镍等物质。那你是否知道，它也可以让铁质的物品带磁性呢？而且在一定的条件下，带有磁性的物品的磁性又可以消失不见。让我们一起来做个小游戏验证一下吧！

Tools 材料和工具

- 一个永久磁铁
- 一段锯条
- 一个锤子
- 几个小铁钉

Process 游戏步骤

（1）把锯条平放固定好，用磁铁的一个磁极摩擦锯条。注意要从锯条的一端开始，按照一个方向用力摩擦，达到另一端后抬起磁铁，回到开始的位置，用相同的磁极沿刚才的方向继续摩擦。连续摩擦20次左右。

（2）手持锯条（如果锯条很热，请戴上手套进行操作），靠近小铁钉，你会发现锯条能够吸引小铁钉，锯条具有了磁性。

（3）把带磁性的锯条重新平放固定，用锤子打击锯条十几下。手持锯条重新靠近小铁钉，你会发现锯条的磁性消失了。

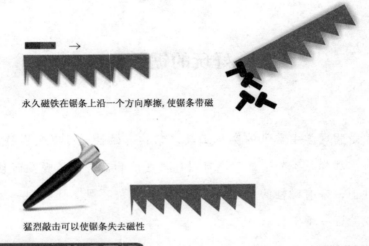

永久磁铁在锯条上沿一个方向摩擦,使锯条带磁

猛烈敲击可以使锯条失去磁性

Physics 物理原理

锯条是否具有磁性，与它内部的原子排列性质有关。锯条是由铁原子组成的，从微观角度看，每个铁原子外层电子在旋转过程中会产生磁性，许多铁原子会形成自发的磁化区，称为磁畴，整个锯条可以看成是由许多的微小磁畴组合而成的。

在通常情况下，这些磁畴产生的磁场方向是杂乱无章的，因此整个锯条显示出不具有磁性的特点。当用磁铁的一个磁极连续摩擦锯条的时候，锯条内的磁畴在外界磁场的作用下，按照固定的方向排列，磁畴的磁场叠加，整个锯条就具有了磁性。这时，如果用锤子敲击锯条，锯条内排列整齐的磁畴会被打乱，整个锯条的磁性就消失了。

边玩边学物理

想一想

地球周围存在的磁场叫做地磁场，整个地球就相当于一个大型的条形磁铁。你能设想一下，如果地磁场真的消失，我们所在的世界会发生什么灾难性的变化吗？

超级链接

其实早在中国古代，人们就已经学会运用磁铁的磁性来服务于生活中的方方面面。比如，公元前212年，秦始皇大兴土木修建阿房宫。工程竣工以后，相传生性多疑的秦始皇为了防刺客带刀枪闯入，命人装上磁性大门，凡是前来拜见他的人必须卸甲解刀，否则就会被大门吸住，动弹不得。磁铁具有磁性，能够吸引铁、镍等金属。古代的盔甲、刀剑一般都是铁制品，所以经过磁性大门会被吸住，聪明的秦始皇利用了磁铁的这一特性，成功地保护了自己的安全，不可谓不高明。

而古代的军事家也巧妙地利用了磁铁能够吸引铁制品的特性，成功御敌。《晋书·马隆传》中记载，晋朝的将领马隆带兵与敌人作战时，事先在敌人必经过的狭窄道路两边，堆放了许多磁石，当穿着铁甲的敌人经过时，就被磁石牢牢地吸住，动弹不得，而马隆的士兵穿着犀甲，可以自由往来。敌人以为马隆部下是神兵，不战而退。

三 不可思议的磁

85

2. 自制指南针

我们知道，一个能自由旋转的磁体，在静止的时候，总是指向南北方向。我们可以利用磁体的这种特性，来制造指示方向的工具——指南针。

- 细线
- 碗
- 水
- 广口瓶
- 铅笔
- 磁铁
- 缝衣针
- 吸管

Process 游戏步骤

（1）把缝衣针放在磁铁上磁化 5 分钟以上，注意针眼一头朝着 S 极。

（2）在磁化针的中央绑一根线，把它吊挂着横放在广口瓶上的铅笔上，使针在广口瓶中可以自由旋转。这样就做好了。

（3）还有：取一碗水，把磁化了的缝衣针穿在麦管或干草茎中，并让它浮于水面。也可以制成指南针。

磁铁具有指示南北的性质，当将钢针靠近磁铁时，钢针也就具有了磁性，就能够指示南北。将钢针悬挂起来，或者使其漂浮水面上，尽量减少因钢针转动而产生的摩擦阻力，这样就可以利用磁化的钢针指示南北了。

指南针除了能够指示南北外，还能进行地震的预报呢。因为指南针之所以能够指示南北的根本原因在于地球是一个大的磁体，在地球的周围存在着地磁场，地磁场会对放入其中的磁体产生力的作用，地磁场的北极在地理的南极附近，地磁场的南极在地理的北极，由于磁力的作用使磁体的北极指向地磁场的南极，也就是地理的北极。地震前地磁场会发生异常的反应，指南针也会失去原有的平衡。例如：北川某中学的讲述，下午 2 点上课，此时老师和学生就发现了指南针摆动，到地震 2：18发生，至少提前15分钟预报了地震即将发生，所以利用自制指南针来进行地震的预报是有可能的。

想一想

1. 动脑想一想：指南针的哪一个磁极指向南方？为什么？

2. 有时会发现小磁针的指向不准确了，怎样校正？与同学一起商议一下，做做看。

87

超级链接

指南鱼

指南鱼是中国古代用于指示方位和辨别方向的一种器械，大约创制于北宋初年。指南鱼用一块薄薄的钢片做成，形状很像一条鱼。它有两

三 不可思议的磁

寸（约6.67厘米）长、五分（约1.65厘米）宽，鱼的肚皮部分凹下去一些，像小船一样，可以浮在水面上。当时的军事著作《武经总要》中说：行军的时候，如果遇到阴天黑夜，无法辨明方向，就应当让老马在前面带路，或者用指南车和指南鱼辨别方向。《武经总要》是在北宋仁宗庆历四年以前写成的，说明那

指南鱼

时我国已经有指南鱼并应用到军事方面去了。

指南鱼是怎样工作的呢？

它的道理与指南针类似。不管磁化还是未磁化的钢铁，每一个分子都是一根"小磁铁"。没有磁化的钢条，它的分子毫无次序地排列，"小磁铁"的磁性都互相抵消了。磁化了的钢条，所有的"小磁铁"都整整齐齐地排列着，同性的磁极朝着一个方向，整个钢条就具有磁性了。如果拿一块磁铁，紧紧擦着一根没有磁化的钢条，总是从这一头向另一头移动，那么，由于磁铁的吸力，普通钢条中的分子也都顺着一个方向排列起来，这样就可以使钢铁带上磁性。指南鱼带上磁性后，由于地磁场的存在，在自由状态下总是指示南北，就可以利用它辨别方向了。

使用指南鱼，比使用司南（古代的指南针）要方便，它不需要再做一个光滑的铜盘，只要有一碗水就可以了。盛水的碗即使放得不平，也不会影响指南的作用，因为碗里的水面是平的。而且，由于液体的摩擦力比固体小，转动起来比较灵活，所以它比司南更灵敏，更准确。

当时不但有钢片做的指南鱼，还有用木头做的指南鱼。宋代《事林广记》记载了用木头做指南鱼的方法：用一块木头刻成鱼的样子，

边玩边学物理

像手指那样大，在鱼嘴往里挖一个洞，拿一条磁铁放在里面，使它的S级朝外，再用蜡封好口。另外用一根针从鱼口里插进去，指南鱼就做好了。把指南鱼放到水面上，鱼嘴里的针就指向南方。

3. 自做电磁铁

电磁铁在日常生活中有极其广泛的应用，它有很多优点，我们也可以自己制作。大家快动手啊！

Tools 材料和工具

- 直径8毫米的膨胀螺栓两根
- 漆包线（或0.6毫米单股导线）
- 大头钉
- 两节1号电池
- 磁铁
- 透明胶带
- 剪刀
- 小刀

Process 游戏步骤

（1）分别在两个膨胀螺栓上包一层胶带，将漆包线留出约10厘米的线头，然后按同一方向均匀地在螺栓上绕100圈，留出约10厘米线头后用胶带将线头固定住；将3米左右的漆包线对折后同样均匀地绕在螺栓上，留出约 10 厘米线头后用胶带将线头固定好；用小刀把漆包线上的绝缘漆刮掉（如果绕的是导线则将导线头上的绝缘皮去掉）。

（2）将单线绕制的螺栓放在水平桌面（或木板）上，均匀地向螺栓洒大头钉，然后将螺栓提起，你看到了什么？把两节电池串接起来，将螺栓上线圈的两个线头分别接在电池两端使线圈内有电流通过；再将大头钉均匀地洒在螺栓上，然后将螺栓提起，你又看到了什么？

（3）只用一只电池给线圈通电然后向螺栓上均匀地洒大头钉，提起通电的螺栓；观察这次能够吸起来的大头钉数量和前次相比有什么变化？把电池的方向掉换一下，再试试看看用一节电池但电流方向不同吸起的大头钉数量变化。

（4）给绕双线螺栓的线圈通电，同样均匀地向上洒大头钉，然后将它提起，你发现了什么？用剪刀将双线起始端剪开，并用小刀将剪开的两根线头绝缘层去掉，试着分别将两线头与电池的一个极相连，从双线尾选取一线头与电池另一极相连，同样在螺栓上均匀地洒上大头钉，你发现了什么？如果将双线头和双线尾同时分别接到电池两端会怎么样呢？

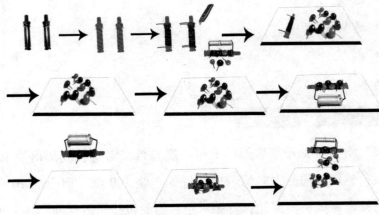

Physics 物理原理

现象1：在没有给线圈通电时，螺栓不吸引大头钉；通电后螺栓能够吸起一些大头钉。说明通电后，螺栓具有磁性使它变成了一块磁铁。通电导线周围存在场，将导线绕在铁磁性物体上，该物体就变成了电磁铁，给线圈通电时，该物体就具有磁性，能够吸引其他轻小的铁磁性物体。电磁起重机就是利用这一原理制成的；除此之外，现代控制装置中的电磁继电器和我们常见的电铃中都有电磁铁。

现象2：只用一只电池给电磁铁通电时，能够吸起的大头钉数量比用两节电池时吸起的大头钉数量少，说明电磁铁磁性的强弱跟通电时电流的强弱有关，电流大时电磁铁的磁性强。将电池方向掉换后螺栓仍然能够吸引大头钉且数量基本没有变化，说明电磁铁磁性的强弱跟电流方向没有关系。

现象3：给绕双线的螺栓通电它不能吸引大头钉，说明此时它不具有磁性，这是为什么呢？分析一下，你就可以发现双线绕时在同一段双线内电流在线圈中流动的方向刚好相反，也就是说虽然电磁铁磁性的强弱跟电流方向无关，但如果电流方向相反则可能会使磁性削弱。从更深一层次来讲，我们知道磁铁都有南、北两个磁极，通过这个实验我们能够分析得出电磁铁的磁极随电流方向的变化而发生改变。在几种连接方法中总能找到使螺栓具有磁性的连接方式；按最后一种连接方式，通电的螺栓能够吸起大头钉，说明只要两个线圈中电流方向一致螺栓就有磁性。

想一想

你能总结一下电磁铁磁性的强弱跟哪些因素有关吗？

三 不可思议的磁

91

超级链接

1822 年，法国物理学家阿拉戈和吕萨克发现，当电流通过其中有铁块的绕线时，它能使绕线中的铁块磁化。这实际上是电磁铁原理的最初发现。1823 年，斯特金也做了一次类似的实验：他在一根并非是磁铁棒的 U 型铁棒上绕了 18 圈铜裸线，当铜线与伏打电池接通时，绕在 U 型铁棒上的铜线圈即产生了密集的磁场，这样就使 U 型铁棒变成了一块"电磁铁"。这种电磁铁上的磁能要比永

斯特金

磁能大很多倍，它能吸起比它重 20 倍的铁块，而当电源切断后，U 型铁棒就什么铁块也吸不住，重新成为一根普通的铁棒。

斯特金的电磁铁发明，使人们看到了把电能转化为磁能的光明前景，这一发明很快在英国、美国以及西欧一些沿海国家传播开来。

1829 年，美国电学家亨利对斯特金电磁铁装置进行了一些革新，绝缘导线代替裸铜导线，因此不必担心被铜导线过分靠近而短路。由于导线有了绝缘层，就可以将它们一圈圈地紧紧地绕在一起，由于线圈越密集，产生的磁场就越强，这样就大大提高了把电能转化为磁能的能力。到了 1831 年，亨利试制出了一块更新的电磁铁，虽然它的体积并不大，但它能吸起 1 吨重的铁块。

电磁铁的发明也使发电机的功率得到了很大的提高。

4. 你所不知道的电滋波

你知道吗？收音机不仅能用来收听广播，它还可以接受电磁波呢！在夏日雷雨的天气里，闪电产生的电磁波就能被收音机收到，你可以听到一连串的"咔嗒"声响，而这个声响比你听到的雷声要提前发生。这是由于电磁波在空气中的传播速度接近真空中的光速，比声速要快得多。

下面我们就来试试电磁波的发射与接收。

Tools 材料和工具

- 一台收音机

Process 游戏步骤

（1）把收音机开关打开，调节调谐旋钮到收不到电台的位置；

（2）然后拉一下室内电灯的拉线开关，你就会听到收音机喇叭里发出"咔嗒"的响声。

三 不可思议的磁

这是由于电灯的开关即将接通时产生火花放电形成的高频电磁波被收音机接收的缘故。开启日光灯开关时效果更明显，这是由于日光灯电路中的起辉器的双金属片断开时镇流器产生较高的自感电动势，使放电更为强烈。

想一想

你可以用手表测量一下收音机里的声响与雷声的时间差，由此可以推算出发生雷电的地方离你有多远。

超级链接

1864 年，英国科学家麦克斯韦在总结前人研究电磁现象的基础上，建立了完整的电磁波理论。他断定电磁波存在，并推导出电磁波与光具有同样的传播速度。1887 年德国物理学家赫兹用实验证实了电磁波的存在。之后，人们又进行了许多实验，不仅证明光是一种电磁波，而且发现了更多形式的电磁波，它们的本质完全相同，只是波长和频率有很大的差别。

从科学的角度来说，电磁波是能量的一种，凡是高于绝对零度的物体，都会释放出电磁波。正像人们一直生活在空气中而眼睛却看不见空气一样，除光波外，人们也看不见无处不在的电磁波。电磁波就是这样一位人类素未谋面的"朋友"。

电磁波是电磁场的一种运动形态。电与磁可说是一体两面，电流会产生磁场，变动的磁场则会产生电流。变化的电场和变化的磁场构成了一个不可分离的统一的场，这就是电磁场，而变化的电磁场在空间的传播形成了电磁波，电磁的变动就如同微风轻拂水面产生水波一般，因此被称为电磁波，也常称为电波。

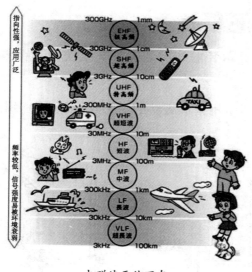

电磁波无处不在

5. 好玩的磁铁

Tools 材料和工具

- 铁棒
- 钢棒
- 铜棒
- 条形磁铁
- 铁屑

- 玻璃槽
- 铁架台

（1）如图 a 所示装好实验装置，看软铁棒是否吸引玻璃槽中的铁屑。

（2）如图 b 所示用条形磁铁的一个磁极靠近软铁棒，观察铁棒是否吸引铁屑。

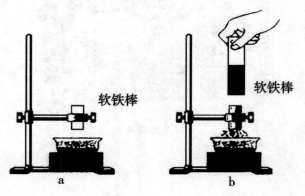

软铁棒

软铁棒

a

b

（3）把条形磁铁拿开，过一会儿再观察，软铁棒上的铁屑是否都掉下去。

（4）取下软铁棒，换上钢棒重做上述实验，观察钢棒的磁性是否还存在。

（5）换用铜棒做上述实验，观察铜棒能否被磁化。

（6）把一条形磁铁用细线悬吊起来，分别用两个磁极去接近被磁化钢棒的下端。判断磁化钢棒两极的极性，总结出规律。

（1）铁棒和钢棒都能吸引铁屑，铜棒不能；

（2）移开条形磁铁，铁棒上的铁屑都掉下来，钢棒上的铁屑不会掉下来；

（3）条形磁铁原来靠近钢棒的一极与被磁化钢棒的下端相排斥。

这是由于放入磁场中的磁性材料可被磁化获得磁性；且软铁容易消磁而钢不容易消磁。

想一想

磁化现象对电脑显示器有什么影响？

 超级链接

在古装电视剧上我们经常看到侠客间飞鸽传书以诉衷肠或者传递消息。不错，"飞鸽传书"是一种古老的传递信息的方式，其速度快，方位准，令人叹为观止。那么，鸽子历经长途跋涉，是怎样辨别方向的呢？到底有没有信鸽这一回事呢？

信鸽

研究表明，确有此事。地球是一块巨大的磁体，能够产生影响范围很大的磁场。科学家发现在鸽子的颅骨下方的前脑中具有长约0.1微米的针状磁铁，它能够感受到地磁场及其方向，因而，不管是高山峻岭，还是险恶天气，鸽子总能顺利返巢。同时，有实验表明，当在鸽子的头上加上一块具有特定极性的人工磁铁后，鸽子的飞行不能进行正确的定向；每当太阳质子活动剧烈时，地球磁场受到干扰，鸽子的返巢率也随之大大降低。这无疑说明，鸽子是根据地球磁场来为自己的飞行定向的。类似的动物还有蜜蜂，养蜂人将成箱的蜂群放飞采蜜，它们一般都能顺利返回。

6. 感受磁感应线

Tools 材料和工具

- 铁屑
- 条形磁铁
- 蹄形磁铁
- 玻璃板

Process 游戏步骤

（1）在一块玻璃板上均匀地撒上一些铁屑，然后把玻璃板放在条形磁体上，轻敲玻璃板，观察铁屑的分布变化。

（2）拿开条形磁体，再使铁屑均匀分布，换用蹄形磁体，重做上述实验，观察铁屑分布的变化。

（3）介绍磁感线，依据铁屑显示出来的曲线形式画出磁感线，并标出磁感线的方向。

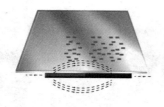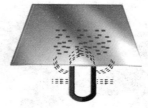

Ⓟhysics 物理原理

这是由于每粒铁屑在磁场中被磁化成了"小磁针","小磁针"北极所指的方向显示出所在点的磁场方向,无数个小铁屑连起来显示出"曲线"的形式。

想一想

地磁场的磁感应线是如何分布,方向是指向哪里?

 ### 超级链接

当地球核心不再正常运转,地球周围的地磁场突然消失,生活在地球上的人们将会面临怎样的威胁和灾难?看多了太多来自外太空的巨大危险,面对地心危机,人类应该如何化解呢?好莱坞灾难科幻大片《地心抢险记》用这一新鲜的题材吸引了不少科幻迷们。

影片讲述了地球核心因为不明原因停止转动,导致存在于地球上的电磁场急速崩解,全球各地都出现异常灾难:美国波士顿,有32名市民离奇暴毙,他们的共同特征是都装置乐心律调整器;西岸旧金山的地标金门大桥也突然断成两截,数百人坠入大海;而更离奇的是,聚集在伦敦特拉法家广场的成群鸽子进入人群或是撞上玻璃窗,不但伤及无数游客,更让车辆驾驶失去控制发生严重意外;最夸张的是,罗马著名的观光景点古罗马竞技场前,无数游客竟然亲眼目睹这座千年古迹被密集的闪电击成碎片。

《地心抢险记》剧照

美国政府及军方在面临这项空前危机时，决定向顶尖的地质物理学家们求助，并找来所谓的"地心宇航员"以及杰出的指挥官驾驶一艘前所未有的地心航舰，载着这群科学家执行一项空前绝后的伟大任务，那就是深入地心引爆炸弹，让地球核心再度转动，并避免地心毁灭导致世界末日。

尽管《地心抢险记》是一部虚构的科幻片，但其灵感来自真实以及虚构的科学知识。

7. 研究电磁铁的特性

𝑻ools 材料和工具

- 电磁铁（线圈匝数可以改变）
- 电源
- 开关

- 滑动变阻器
- 电流表
- 一小堆大头针和导线若干
- 小磁针

（1）把电磁铁、电源、滑动变阻器、电流表和开关如图所示串联起来，闭合和断开开关，观察通电和断电时电磁铁对大头针的作用。

（2）调整滑动变阻器滑片，使电路上的电流由小逐渐增大，观察这时电磁铁吸引大头针的数目有何变化。

（3）改变电磁铁线圈的匝数，保持电流不变，观察所吸引大头针数目有何变化。

（4）对调电路中的电源的正负极，观察放在电磁铁旁边的小磁针的指向有什么变化。

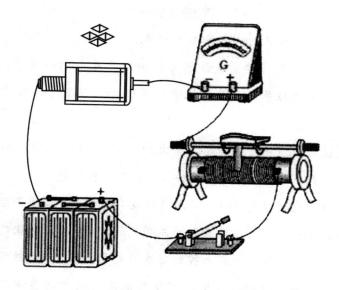

三

不可思议的磁

101

（1）电磁铁通电时有磁性，断电时无磁性。

（2）通入电磁铁的电流越大，它的磁性越强；在电流一定时，外形相同的螺线管线圈的匝数越多，它的磁性越强。即电磁铁的磁性强弱可由电流大小和线圈匝数的多少来控制。

（3）改变电流方向，电磁铁两极性要发生改变，即电磁铁的极性可以由电流的方向来控制。

想一想

1. 电磁铁和一般永久磁铁有什么差别？
2. 电磁铁在日常生活中有哪些用途？

超级链接

电磁铁的由来

1820 年，丹麦人厄司特所发现的电流磁效应，显示了电与磁的关联性。此后，许多科学家便试图寻找由磁产生电的逆效应。1821 年，英国大科学家法拉第也在其笔记中，提醒自己应探讨如何"把磁变成电"。

在电流磁效应被发现后不久，大约在 1825 年，英国人斯特金将通有电流的金属线缠绕在绝缘的铁棒上，发明了电磁铁。

电磁铁通电时便有磁性，不通电就没有磁性，方便我们运用。

电磁铁和一般永久磁铁最大的差别，是电磁铁可以借由改变通过线圈的电流大小及线圈的匝数来控制磁性的大小，而一般磁铁的磁性则是固定的。也因此，电磁铁在实验室及生活应用上都相当重要，像电动机、发电机、起重机等，都运用到电磁铁。

当直流电通过导体时会产生磁场，若使直流电通过由导体构成的线圈则会产生具方向性的磁场。但是单纯由直流电和线圈所构成磁场不够集中而导致产生的磁力不够，因此会在线圈的中心加入一磁性物质以达到集中磁场的效果。

一般而言，电磁铁所产生的磁场强度和直流电大小、线圈圈数及中心的导磁物质有关，在设计电磁铁时会注重线圈的分布和导体物质的选择，并利用直流电的大小来控制磁场强度。然而线圈的材料具有电阻而限制了电磁铁所能产生的磁场大小，但随着超导体的发现与应用将有机会突破现有的限制。

8. 磁场对电流的作用

Tools 材料和工具

- 电源
- 蹄形磁体
- 一根直导线
- 滑动变阻器
- 开关
- 导线若干

（1）如图所示，把一根直导线 AB 放在蹄形磁体的磁场里，接通电源，让电流通过原来静止的导体 AB，观察到导体 AB 运动起来。

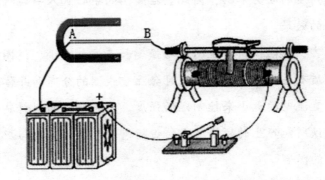

（2）改变电流的方向，观察到导体 AB 的运动方向也改变。

（3）对调蹄形磁体磁极，即改变磁场方向，观察到导体 AB 的运动方向也改变。

Physics 物理原理

（1）通电导体在磁场中受到力的作用，并且它在力的作用下能运动起来。

（2）通电导体在磁场中受力的方向，跟电流方向和磁感线方向有关，这三个方向也是相互垂直的关系。

想一想

如何判断磁场方向和电流方向的关系？

超级链接

人们很早就认识了磁，利用磁铁来指示方向的指南针，就是中国古代的四大发明之一，但真正认识到电跟磁有关系的，却是丹麦物理学家、化学家奥斯特。奥斯特在 1820 年发现电流的磁效应，从此揭开了电磁的奥秘。

在奥斯特那个年代，自从库伦提出电和磁有本质上的区别以来，很少有人再会去考虑它们之间的联系。而安培等物理学家认为电和磁不会有任何联系。可是奥斯特偏偏不相信这些理论，他一直坚信电、磁、光、热等现象相互存在内在的联系，尤其是富兰克林曾经发现莱顿瓶放电能使钢针磁化，更坚定了他的观点。

1820 年 4 月，在一次讲座上，奥斯特演示了电流磁效应的实验。当电池与铂丝相连时，靠近铂丝的小磁针摆动了。这一不显眼的现象没有引起听众的注意，而奥斯特非常兴奋，他觉得这是一个不同寻常的现象，于是他接连三个月埋头对此进行研究，终于在 1820 年 7 月 21 日，揭开了其中的奥秘。

奥斯特根据实验结果得出结论：电可以产生磁！在通电导线的周围，发生一种"电流冲击"。这种冲击只能作用在磁性粒子上，对非磁性物体是可以穿过的。磁性物质或磁性粒子受到这些冲击时，阻碍它穿过，于是就被带动，发生了偏转。这一"电流冲击"就是电磁。

奥斯特的发现，证明了电和磁能下相互转化，这为以后的电磁学的发展打下了基础。

9. 磁铁不喜欢葡萄

磁铁喜欢铁、钴等金属，甚至可以深深被它们"吸引"，当然，它也会有自己不喜欢的东西，譬如葡萄，来看看吧。

𝑇ools 材料和工具

- 大头针
- 吸管
- 葡萄
- 磁铁

𝑃rocess 游戏步骤

（1）把大头针插在吸管中央，然后固定住大头针；

（2）在吸管的两端分别插上一粒葡萄；

（3）这时把磁铁的 N 极靠近葡萄，发现葡萄被磁铁的磁力慢慢推远；

（4）再用磁铁的 S 极靠近葡萄，发现葡萄仍然被磁铁的磁力慢慢推远。

𝑃hysics 物理原理

这是一个关于逆磁性物质的游戏。水是逆磁性物质，磁铁的 N 极和 S 极都会排斥水。而葡萄中含有大量的水分，因而，不管是磁铁的 N 极和 S 极，都会排斥葡萄。

想一想

想一想，磁铁是否喜欢其他水果呢？比如香蕉、苹果？

超级链接

随着手机、电脑及微波炉等家用电器的普及，电磁辐射的危害也日益突出。其实，早在 1998 年，世界卫生组织就已经提出：电磁辐射污染已经成为继污水、废气污染及噪音污染之后的第四大污染，是公认的"隐形杀手"。

我们都知道，电磁波看不到，摸不着，它真的有那么可怕么？专家忠告人们：千万不要小瞧电磁辐射对人体健康的影响。严格来说，有电的地方就有电磁辐射。电磁波辐射能量较低，不会使物质发生游离现象，也不会直接破坏环境物质，但在到处充满电子通讯用品的现代社会，其电磁干扰不能忽视。电磁辐射的危害表现在人长时间使用电脑之后，会感到眼睛酸涩、肩痛、头痛、嗜睡、烦躁，等等。不仅如此，电磁辐射还会导致人的免疫力低下，体内钙质流失，并引发孕妇流产，视觉障碍，等等。所以说，对电磁干扰，我们一定不可以掉以轻心，一定要采取有效措施预防。

10. 磁场是否能穿透物体或空间

如果你想拉动或推动一辆小车的话，你的手一定要接触小车并用力拉或推。火车的机车要带动后面的车厢，必须先将车头和车厢紧紧地钩在一起。那么磁场有没有穿透物体或空间作用的本领呢？让我们动动手，一起来探讨一下吧！

𝒯ools 材料和工具

- 条形磁铁或蹄形磁铁一块
- 回形针一枚

- 细线
- 图钉
- 硬纸板
- 书本的塑料皮
- 玻璃板
- 铝锅盖
- 铁板
- 木椅一把
- 木条一根
- 厚书若干本
- 菜刀或水果刀

Process 游戏步骤

（1）如果是条形磁铁，可在桌上把几本厚书摞起来，摞到 20 厘米高。将磁铁放在书本上面并使磁铁的一端尽量向外伸出。把木条压在书下，使它的一部分在磁铁的正下方与磁铁平行。

（2）将细线一头系上回形针，另一头系上一枚图钉。细线的长度要使提着回形针将细线拉直后离磁铁的某一端还有 1 厘米左右的距离，不能接触到磁铁。再将图钉按在磁铁正下方的木条中。

（3）将回形针提起来，靠近磁铁后再松开手，你会看到，回形针被磁铁吸引但又被细线紧紧拉住，而悬在靠近磁铁的空中。

（4）请你很小心地把下面的这些材料分别伸出磁铁和回形针之间的空隙中，把磁铁和回形针隔开（注意不要碰到上面的磁铁和下面的回形针）。看看会有什么现象发生？

P hysics 物理原理

如果用硬纸板、塑料封皮纸、玻璃板、铝锅盖去隔开它们，结果是回形针保持在空中位置不动，没有受到任何影响。

如果用铁板、菜刀或水果刀等钢铁一类的薄片去隔开它们，结果是回形针落到桌面。

这是由于磁场能够穿透钢铁一类的物体外的其他物体对回形针发生作用，这一类材料叫非磁性材料，磁场不能穿透钢铁，因而回形针就掉下来，钢铁一类制品叫磁性材料。

在生产中如果有什么部件或设备需要防磁的话，有一个办法就是用钢铁将设备包住，这样，磁场就无法穿透进去，这在物理上称"磁屏蔽"。

想一想

磁场的穿透作用在日常生活中有哪些应用？

超级链接

磁场的穿透性很强，千万不要忽视了相邻房间或楼上楼下的影响。特别是一般电器的管线都接在后方，所以常常测得最高的指数是在电器的正后方，那么与高磁场一墙之隔的位置就要注意了。如果你经常坐在沙发上，你头后面是墙，而隔壁邻居的电视的尾部刚好对着你的头，那你可就遭殃了。

电磁辐射对人的影响虽普遍存在，却并不可怕。不同的人或同一人在不同年龄段对电磁辐射的承受能力是不一样的，即使在超标环境下，也不意味着所有人都会得病，但对老人、儿童、孕妇或装有心脏起搏器的病人，对电磁辐射敏感人群及长期在超剂量电磁辐射环境中工作的人来说，应采取防患措施。

不要把家用电器摆放得过于集中或经常一起使用，特别是电视、电脑、电冰箱不宜集中摆放在卧室里，以免使自己暴露在超剂量辐射的危险中。各种家用电器、办公设备、移动电话等都应尽量避免长时间操作。当电器暂停使用时，最好不让它们处于待机状态，因为此时可产生较微弱的电磁场。对各种电器的使用，应保持一定的安全距离。

四、好玩的热学

1. 爆裂的石头

我们知道，石头是很坚固的，在野外可以用来搭炉灶烧饭。但是，你恐怕不知道，其实在特定的条件下受热，石头也会爆裂。这是为什么呢？那就跟我们边玩边学吧！

Ｔools 材料和工具

- 石头
- 开水

Ｐrocess 游戏步骤

（1）在寒冷的冬天，从室外找一块冻透的石头；

（2）往石头上倒开水，石头轰然裂开了。

要点：选用不同的石头会影响游戏效果，石灰岩（内部密度）和页岩为佳，如果是夏天，可以尝试把石头放在冰箱里冻透。

注意：游戏时，人、物要离石头足够远，否则可能会被石块的碎片炸伤。

Physics 物理原理

这是热胀冷缩现象。我们找到的石块已经被彻底冻透了，这时突然浇上开水，石头外部迅速升温，外部的膨胀速度比里边更快，内外产生的不同张力使石头裂开。石灰岩和页岩的内部材料膨胀系数不同，更容易裂开。

想一想

1. 贴墙砖的时候，好师傅贴出来的缝大小适宜，既不影响美观，又能够留一定缝隙，防止受热膨胀挤压变形。想一想在铺铁路的时候要注意什么？

2. 观察一下各种温度计，看看它们都适合测哪些物体的温度？

3. 脑筋急转弯：为什么夏天白昼长冬天白昼短？

超级链接

既然掌握了热胀冷缩的原理，我们就可以有效地避免热胀冷缩带来的危害。在野外野炊或篝火时，火堆边不可放置潮湿或带孔隙的岩石或石头，尤其是曾经浸泡在水中的岩石更要小心——它们在受热时可能爆炸。也要避免使用板岩和较软的岩石——通过岩石间彼此猛烈撞击就可以检验出来；一切有裂隙、高度中空或表面易剥落的岩

边玩边学物理

石都不可使用。如果它们含有水分，则膨胀速度更快，极易爆裂，迸溅出危险的碎片。

冬天使用玻璃水杯喝开水时、很久不用的暖瓶打水时、在化学实验室用试管加热时也要小心由于热胀冷缩把它们炸裂，在使用前先用少量热水进行预热是一个不错的办法。往玻璃茶几上放刚刚烹制好的菜肴时则可以垫上垫子。

在热胀冷缩原理的利用上人们也有不少成就。体温计、寒暑表等是利用液体的热胀冷缩原理，双金属温度计是利用不同固体的热胀冷缩。过去家庭冬天自制西红柿酱时，把装满西红柿的葡萄糖瓶子连同瓶塞一起上火蒸一下，待稍微降温，把锅盖打开后迅速将瓶塞盖到每个瓶子上，等晾凉了瓶盖就紧紧地套在了瓶子上，起到密封的作用。当然，如果你苦于打不开辣椒酱瓶盖的情况下，也可以反其道而行之，将瓶倒置在热水中，浸泡一两分钟后，由于金属瓶盖与玻璃的膨胀率不同，它们将贴合的不再那么紧密，就能轻松自如地打开了。

2. 爆米花

爆米花是一种很受小孩子和年轻人喜爱的膨体食品，蓬松可口，可作为日常零食。那你自己会做吗？如果不会，我们现在就来教教你在家怎么做这种零食。

Tools 材料和工具

- 牛油

- 玉米
- 糖或盐
- 微波炉
- 一个大玻璃碗或陶瓷碗

Process 游戏步骤

（1）准备一个大玻璃或陶瓷碗，能放进微波炉的那种，擦干净。

（2）倒半碗干燥的玉米粒（整粒的）。

（3）在玉米粒中放牛油一小块，搅拌一下。如果想要甜口味的，就选择无盐的牛油，放适量的白糖，如果喜欢咸香口味的，就加适量的盐。

（4）牛油和玉米拌匀后，放入碗中，将碗加盖后放入微波炉，选择高火档位开始爆爆米花。

（5）从你开始听到爆裂声开始，一直到爆裂声开始转小，渐渐快没了，这时关火。总过程可能需要2分钟左右，主要听声音而定。

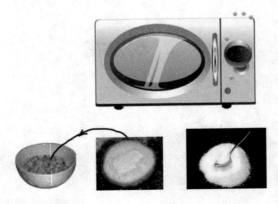

Physics 物理原理

爆米花的原理主要是利用加热时，玉米内部水蒸发，膨胀增压，当内压过高，就爆开了。

想一想

爆米花吃多了对身体不好，你知道有哪些坏处吗？

超级链接

爆米花发明于宋代，范成大在《吴郡志·风俗》中记载："上元，……爆糯谷于釜中，名字娄，亦曰米花。每人自爆，以卜一年之休咎。"在新春来临之际宋人用爆米花来卜知一年的吉凶，姑娘们则以此卜问自己的终身大事。宋人把饮食加入文化使之有了更丰富的内涵。

爆米花

爆米花的发明更折射出中国饮食的丰富多彩，它有更深的含义，就是开创了一种食物的加工方式——膨化食品。说明中国古代的食品加工不止仅仅是食品简单的加热作熟，而是通过物理的高温高压作用原理来改变食物的状态口感，这种加工方式就是现代新兴的膨化食品。这种加工方式使普通的食品变为可口有特色的食品小吃，可以说千百年前的爆米花是近现代各种五花八门膨化食品零食小吃的祖先。

好玩的热学

3. 钓冰

不用口袋、不带网兜，更不用手抱，能把一大块冰运走吗？当然可以！只要一根绳子，就能实现。试试看吧！

Tools 材料和工具

- 大冰块 5 块
- 半米长、较结实的细绳子 5 段
- 食盐 1 袋
- 装冰块的碗 5 个
- 筷子 5 根

Process 游戏步骤

5 名同学或 5 个小组的同学可以开展竞赛，看谁（哪组）钓得快。

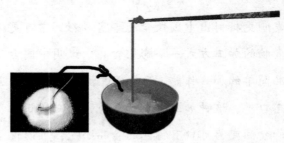

（1）先将细绳的一端系在筷子上，做成一个没有"鱼钩"的"渔竿"；

（2）把冰块放在空碗里，细绳的另一端平放在冰块上；

（3）然后沿绳子的部位撒上一些食盐，过 20 秒左右，向上提线，就能把冰块钓起来。

注意： 不能把食盐撒在碗底，不要用手接触冰块。

紧张激烈的比赛完成了，这里蕴含着什么物理知识？标况下水的凝固点是0℃，细绳和冰接触时，冰面上有一层薄薄的水，把盐撒在沿绳子部位的冰上，食盐可以溶解在水中，混有盐水的冰凝固点下降，低于0℃，这部分冰就熔化了，绳子慢慢勒进冰中。又由于熔化过程需要吸热，使得盐溶液温度降低，过一小会儿，熔化的冰在新的凝固点再次凝固，就把绳子冻在里面了，此时我们轻松地拎着筷子，就能把冰块吊起来。

为防止大雪阻塞引起的交通危害，公路管理部门会在刚下雪时往高速公路上撒盐，以加速融雪。

想一想

1. 常言道"霜前冷、雪后寒"，你知道为什么吗？

2. 利用冰块、温度计、杯子做一个实验，观察冰块的熔化过程。你能得到哪些结论？

3. 利用家用电冰箱储存食物时，通常把鱼虾放在冷冻室，而把蔬菜瓜果放在冷藏室，调换位置行不行？有什么理由？

4. 冬天，医生检查牙齿时，常把小镜子放在酒精灯上适当烤一烤，然后再伸进口腔内，这样做的目的是什么？

5. 你知道人工降雨是怎样实施的吗？

好玩的热学

117

超级链接

水是一种特殊的液体。它在4℃时密度最大。温度在4℃以上，液态水遵守一般热胀冷缩规律。4℃以下，原来水中呈线形分布的缩合分子中，出现一种像冰晶结构一样的似冰缔合分子，叫做"假冰晶体"。

因为冰的密度比水小，"假冰晶体"的存在，降低了水的密度，这就是为什么水在4℃时密度最大，低于4℃密度又要减小的秘密。

到目前为止，已经能够在实验室里制造出八种冰的晶体。但只有天然冰能在自然条件下存在，其他都是高压冰，在自然界不能稳定存在。

天然冰中水分子的缔合是按六方晶系的规则排列起来的。所谓结晶格子，最简单的例子是紧密地堆砌的砖块，如果在这些砖块的中心处代之以一个假设的原子，便得到了一个结晶格子。冰的晶格为一个带顶锥的三棱柱体，六个角上的氧原子分别为相邻六个晶胞所共有。三个棱上氧原子各为三个相邻晶胞所共有，二个轴顶氧原子各为二个晶胞所共有，只有中央一个氧原子算是该晶胞所独有。

4. 沸油取物

人们常说"上刀山、下油锅"，可见这两件事情做起来真是不易。街头偶见气功师把一把匕首投入一锅烧滚的、冒着青烟的油中，尔后运气发功，卷袖伸手入油锅将匕首捞出来，而自己的手丝毫不被烫伤。他真的有那么厉害吗？我们普通人能否学会气功？教你一个方法，你也可以练就这样的"盖世神功"。

Tools 材料和工具

- 油
- 硼砂或醋
- 锅

Process 游戏步骤

（1）先将硼砂放入锅内，再倒入食用油；

（2）加热油锅，等油锅沸腾后，你就可以表演沸油取物的"盖世神功"啦。

沸油取物

Physics 物理原理

"神功"的秘密在于，先将硼砂放入锅内，油与硼砂遇热后起化学反应呈沸腾状，实际上温度并不很高，打捞沸油中的物品时自然不会烫手，表演赤脚下油锅也是同一道理。

或者还有一种做法，先在锅中倒入醋，然后在醋的表面上加上油，因为油的密度比醋的密度要小，并且两种液体互不相容，所以从表面上看去跟一锅油是一样的。加热时，醋的沸点是60℃左右，而油的沸点在200℃以上，自然是在下面的醋先达到沸点开始沸腾，醋沸腾后，温度不会再继续升高，那么在醋上面的油的温度自然也不会升高。这时就像看到一锅油在沸腾一样，实际沸腾的是醋，其温度也仅仅在60℃左右。

注意： 可以先用温度计测试一下温度，未经专业训练，请勿轻易模仿，以免烫伤。

想一想

1. 寻找一些小魔术，为它们揭秘。

好玩的热学

119

2. 吉尼斯纪录中有一项是光脚的人走过火道，他利用了哪些科学知识来挑战人类极限？

3. 为了防止江湖骗子骗人，我们应该具备怎样的素质？

超级链接

沸腾是在一定温度下液体内部和表面同时发生的剧烈汽化现象。液体沸腾时候的温度被称为沸点。浓度越高，沸点越高。不同液体的沸点是不同的，所谓沸点是针对不同的液态物质沸腾时的温度。

液体发生沸腾时的温度，即物质由液态转变为气态的温度。当液体沸腾时，在其内部所形成的气泡中的饱和蒸汽压必须与外界施予的压强相等，气泡才有可能变大并上升，所以，沸点也就是液体的饱和蒸汽压等于外界压强的温度。

液体的沸点跟外部压强有关。当液体所受的压强增大时，它的沸点升高；压强减小时，沸点降低。例如，蒸汽锅炉里的蒸汽压强，约有几十个大气压，锅炉里的水的沸点可在200℃以上。又如，在高山上煮饭，水易沸腾，但饭不易熟。这是由于大气压随地势的升高而降低，水的沸点也随高度的升高而逐渐下降。（在海拔1900米处，大气压约为79800帕（600毫米汞柱），水的沸点是93.5℃）

在相同的大气压下，液体不同沸点亦不相同。这是因为饱和气压和液体种类有关。在一定的温度下，各种液体的饱和气压亦一定。例如，乙醚在20℃时饱和气压为5865.2帕（44厘米汞柱）低于大气压，温度稍有升高，使乙醚的饱和气压与大气压强相等，将乙醚加热到35℃即可沸腾。液体中若含有杂质，则对液体的沸点亦有影响。液体中含有溶质后它的沸点要比纯净的液体高，这是由于存在溶质后，液体分子之间的引力增加了，液体不易汽化，饱和气压也较小。要使饱和气压与大气压相同，必须提高沸点。

5. 模拟太阳灶

太阳灶是利用太阳能辐射，通过聚光获取热量，进行炊事烹饪食物的一种装置。它不烧任何燃料，没有任何污染，正常使用时比蜂窝煤炉还要快；和煤气灶速度一致。我们现在就来做个游戏模拟下太阳灶的工作原理。

🅣ools 材料和工具

- 锡纸（或大型纸质电容器中的铝薄，或多块香烟内包装纸）
- 铁丝
- 木棍
- 线绳
- 较长的细棍
- 废弃圆弧底锅（或其他类似的容器，直径大一些较好，如果能找到较大的圆弧形锅盖更好）
- 胶水或双面胶
- 剪刀
- 蜡块
- 卷尺

🅟rocess 游戏步骤

（1）测量并记录锅的直径 D 和深度 H（单位为厘米），将数据代入

㈣ 好玩的热学

121

公式 $L=\dfrac{D^2+4H^2}{16H}$。计算出长度 L，在细棍上距一端 L 处用笔作一标记；将锡纸在锅内沿锅底部用胶粘好构成反光面。

（2）在有阳光的天气里将锅拿到室外，使锅正对太阳。

（3）不要用身体挡着照在锅内的阳光，将手放在距锅底 L 远的地方感受一下（用带标记的细棍测量一下），你感觉到比较热了吗？

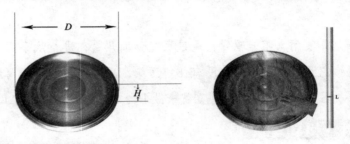

ℙhysics 物理原理

太阳光具有能量，我们的装置是利用光的反射原理聚集能量的非常简易的太阳灶。在我们接收到的太阳能是太阳上的物质发生核反应产生的，这些能量通过热辐射的方式传递到地球。

想一想

1. 太阳灶的应用有哪些？列举几个方面。

2. 阳光较强的夏天中午，通常情况下每平方米能够接收到 1000 瓦左右的太阳能，你可以计算一下从理论上讲，我们的太阳灶能够接收多大功率的太阳能呢？

超级链接

人类利用太阳灶已有 200 多年的历史，特别是近二三十年来，世界各国都先后研制生产了各种不同类型的太阳灶。目前来说，太阳灶基本上可分为箱式太阳灶、平板式太阳灶、聚光太阳灶和室内太阳灶。前三种太阳灶均在阳光下进行炊事操作。

1. 箱式太阳灶

箱式太阳灶根据黑色物体吸收太阳辐射较好的原理研制而成。它是

箱式太阳灶

一只典型的箱子，朝阳面是一层或二层平板玻璃盖板，安装在一个托盖条上，其目的是为了让太阳辐射尽可能多地进入箱内，并尽量减少向箱外环境的辐射和对流散热。里面放了一个挂条来挂放锅及食物。箱内表面喷刷黑色涂料，以提高吸收太阳辐射的能力。箱的四周和底部采用隔热保温层。箱的外表面可用金属或非金属，主要是为了抗老化和形状美观。整个箱子包括盖板与灶体之间用橡胶或密封胶堵严缝隙。使用时，盖板朝阳，温度可以达到100℃以上，能够满足蒸、煮食物的要求。这种太阳灶结构极为简单，可以手工制作，且不需要跟踪装置，能够吸收太阳的直射和散射能量，故产品价格十分低。但由于箱内温度较低，不能满足所有的炊事要求，推广应用受到很大限制。

2. 平板式太阳灶

利用平板集热器和箱式太阳灶的箱体结合起来就形平板式太阳灶。

平板集热器可以应用全玻璃真空管，它们均可以达到100℃以上，产生蒸汽或高温液体，将热量传入箱内进行烹调。普通拼版集热器如果性能很好也可以应用。例如盖板黑的涂料采用高质量选择性涂料，其集热温度也可以大到100℃以上。这种类型的太阳灶只能用于蒸煮或烧开水，大量推广应用也受到很大限制。

3. 聚光太阳灶

聚光式太阳灶是将较大面积的阳光聚焦到锅底，使温度升到较高的程度，以满足炊事要求。这种太阳灶的关键部件是聚光镜，不仅有镜面材料的选择，还有几何形状的设计。最普通的反光镜为镀银或镀铝玻璃镜，也有铝抛光镜面和涤纶薄膜镀铝材料等。

6. 模拟温室效应

温室效应是近年来频繁出现的一种环境现象，是因为温室气体（例如 CO_2）有较好的吸热、散热功能，所以其可对环境温度的变化产生影响，我们可以用实验来说明。

Tools 材料和工具

- 盐酸
- 大理石
- 红外辐射灯
- 黑面圆板
- 测温热电偶

- 温度计
- 烧杯烧瓶
- 滴管
- 简易启普发生器装置

Process 游戏步骤

（一）取两个 250 毫升的烧杯，底部放置消光黑面圆板，在烧杯上用均匀而适当的强光照明（红外辐射灯），用 Ni－Cr 同轴热电偶置于烧杯中心距底 2 厘米处测温，并记录。用玻璃片遮盖一个烧杯，用启普发生器制 CO_2 通入其中，用燃烧的火柴检验是否集满，集满后取出导管和玻璃片，灯光均匀持续照射，每 30 秒读两烧杯温度值，并记录，取 10 组数据（共计 5 分钟）。

（二）（如右图的准备装置）在两只烧杯里分别充满 CO_2 和空气，塞紧带有温度计和胶头滴管的橡皮塞。再把两只烧瓶放在红外线下照射，观察温度升高的情况。调节两瓶的温度，均达 30℃ 时，在相同环境下，观察温度下降的情况。

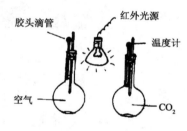

Physics 物理原理

实验（一）未通 CO_2 时，两烧杯存在 0±2℃ 的温度差异，通入 CO_2 后，装有 CO_2 的烧杯温度高于邻杯，1 分钟左右达最大值 10℃ 左右，而后温度差逐渐缩小。

实验（二）两瓶在相同光线照射下，装 CO_2 的温度较邻瓶高，最大可达 4℃，CO_2 降温速度较慢。

温室效应对环境有什么影响？对人类生活又有哪些影响呢？

超级链接

　　温室效应主要是由于现代化工业社会过多燃烧煤炭、石油和天然气，大量排放尾气，这些燃料燃烧后放出大量的二氧化碳气体进入大气造成的。

　　二氧化碳气体具有吸热和隔热的功能。它在大气中增多的结果是形成一种无形的玻璃罩，使太阳辐射到地球上的热量无法向外层空间发散，其结果是地球表面变热起来。因此，二氧化碳也被称为温室气体。

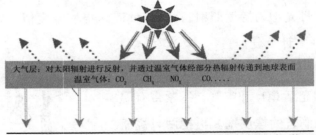

大气层：对太阳辐射进行反射，并透过温室气体经部分热辐射传递到地球表面
温室气体：CO_2　　CH_4　　NO_x　　$CO...$

地球表面：吸收来自太阳的短波辐射，保持白天生物圈内的温度环境

温室效应

　　人类活动和大自然还排放其他温室气体，它们是：氯氟烃〔CFC〕、甲烷、低空臭氧、和氮氧化物气体、地球上可以吸收大量二氧化碳的是海洋中的浮游生物和陆地上的森林，尤其是热带雨林。

　　为减少大气中过多的二氧化碳，一方面需要人们尽量节约用电〔因为发电烧煤〕，少开汽车。另一方面保护好森林和海洋，比如不乱砍滥伐森林，不让海洋受到污染以保护浮游生物的生存。我们还可以通过植树造林，减少使用一次性方便木筷，节约纸张〔造纸用木材〕，不践踏草坪等等行动来保护绿色植物，使它们多吸收二氧化碳来帮助减缓温室效应。

7. 神奇的沙漠冰箱

住在非洲沙漠中的居民，由于没有电，夏天无法用冰箱保鲜食物。然而有人发明了一种神奇的沙漠冰箱——罐中罐。其实你也可以动手制作一个，方法很简单，试试看吧！

Tools 材料和工具

- 两个大小不一的陶罐（其中一个可以套下另一个）
- 一些沙子（黏土也可以）

Process 游戏步骤

（1）小罐作为内罐，大罐作为外罐。

（2）把两罐套在一起，在罐与罐之间填上潮湿的沙子。

（3）使用时将食物和饮料放在内罐，罐口盖上湿布，然后放在干燥通风的地方，并经常在两罐之间的沙子上洒些水，这样就能起到保鲜作用。

P hysics　**物理原理**

这个冷却系统所运用的原理其实是一个简单的物理原理，亦即，二罐空隙之间的沙子中所含的水分朝向外罐的表面蒸发，而靠着外罐表面的干燥空气来循环。由于热力学定理，蒸发过程自动造成温度下降好几度，使内罐得以冷却，有害的微生物被杀死不易生存，因此内罐就能保存易腐坏的食物。

想一想

1. 经常在两罐间洒些水的原因是什么？
2. 将这个罐中罐放在干燥通风的地方是为了什么？

超级链接

2000 多年前，秦王建造了一座宫殿，非常豪华。特别奇妙的是，在炎热的夏天，这座宫殿里却冷气沁人，如同进了水晶宫，正因如此，人们把这座宫殿叫做水晶宫。

为什么秦王的水晶宫里会有这样低的温度呢？从表面上看，这座建筑除了有较多的铜柱外，再没有什么特殊的地方。

可是奥妙就出在这一根根铜柱上。秦王的水晶宫里的这些铜柱不仅有支持屋顶的功能，也不仅能使宫殿里显得高贵豪华，而且还是殿里降低温度的装置。原来这一根根铜柱全是空心的，每当盛夏到来之际，人们便把冬天收藏在冰窖里的天然冰装进铜柱里，这就是秦王水晶宫温度降低的原因。

为什么把冰装到铜柱里可以降低宫殿中的温度呢？我们知道，任何一种晶体物质由固态变成同温度的液态时，都要吸收一定的热量。0℃的冰熔解成同温度的水也要吸热，而且冰熔解成水吸收的热量远远大于别的物质熔解时吸收的热量。另外，铜是传热的良好材料，当铜柱里的冰熔解时，锡柱能很好地从周围吸热。这样，整个宫殿里的温度就会大大降低了。

8. 向下冒的烟

我们知道，烟一般是往上冒的。现在我们可以来试一试，看有没有可能让烟往下冒。

Tools 材料和工具

- 一个纸盒
- 一支蜡烛
- 两个煤油灯上的玻璃罩（或用两个金属圆筒代替）
- 一张废旧牛皮纸
- 剪刀

Process 游戏步骤

（1）在纸盒的盖上开两个比玻璃罩或金属圆筒的直径略小的洞。

（2）把蜡烛和两个灯罩按下图画的方式安放好。注意，蜡烛安放的位置应处于其中一个玻璃罩的正下方。

（3）点燃蜡烛，盖上盒盖，千万注意别让蜡烛把纸盒也烧着了。

这时，再用火柴把牛皮纸点燃，把冒着烟的牛皮纸拿到右边灯罩的上方。很快，你就看到烟往下冒——燃着的牛皮纸冒出的烟从这个玻璃罩进入盒内，又从另一个灯罩中重新冒了出来。

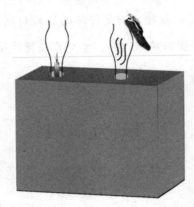

Physics 物理原理

原来，暖空气比冷空气轻，蜡烛点燃以后把它上面的空气加热，使得这些空气上升并从灯罩里升出来。但是空气必须从下面得到补充，于是空气就只能从另一个灯罩的入口处进入。空气进入灯罩的力量是足以把烟吸进去的，所以，我们就看到了烟往下冒的"反常"现象。

注意：使用蜡烛要注意防火。

想一想

1. 热气球为什么能上天？

2. 防火演习时，应当向上风处还是下风处疏散？应采取哪些紧急措施保护自己？

超级链接

你见过孔明灯吗？它可是热气球的鼻祖，大约五代时期就在民间流传了。

边玩边学物理

孔明灯"会飞"，原因是：燃料燃烧使周围空气温度升高，密度减小上升，从而排出孔明灯中原有空气，使自身重力变小，空气对它的浮力把它托了起来。

孔明灯，相传是由三国时的诸葛孔明（即诸葛亮）所发明。当年，诸葛孔明被司马懿围困于阳平，无法派兵出城求救。孔明算准风向，制

孔明灯

成会飘浮的纸灯笼，系上求救的信息，其后果然脱险，于是后世就称这种灯笼为孔明灯。另一种说法则是这种灯笼的外形像诸葛孔明戴的帽子，因而得名。

9. 瘪掉的易拉罐

易拉罐是常见的用来盛装饮料的器皿，那你有办法不用手捏，也不用其他工具敲击或者捶打，就能让一个饱满的易拉罐盒瘪掉吗？用我们的方法试一试吧！

𝒯ools 材料和工具

- 一只空的易拉罐
- 500 毫升烧杯
- 60℃左右的温水
- 冷水
- 宽胶带
- 锥子

𝒫rocess 游戏步骤

（1）在未饮用的完好的易拉罐罐体上部用锥子戳两个相对的小洞，倒出饮料。

（2）将两只烧杯中分别加入 300 毫升左右的温水和冷水。

（3）将空易拉罐放入温水中 30 秒左右，使罐内空气受热。

（4）此时，用宽胶带把易拉罐的开口封住。

（5）现在，把易拉罐放入到冷水中，听到一阵响声之后，易拉罐瘪了。

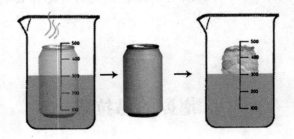

注意：

（1）水温不要太高，防止烫伤。

（2）胶带一定要粘牢，最好能把胶带绕罐体一圈。

（3）易拉罐也可以改成塑料饮料瓶等，但装置的气密性可能不太好。

Physics 物理原理

易拉罐变瘪了是利用了热胀冷缩的原理，馆内空气受热后，突然又放入冷水中，遇冷以后易拉罐就瘪了。

想一想

如何使这只瘪了的易拉罐再一次恢复正常呢？

超级链接

在法国巴黎，有一座300米高的埃菲尔铁塔，总质量达7000多吨，奇怪的是，这座铁塔只有在夜间才能与地面垂直。上午铁塔向西倾斜100毫米，中午向西北倾斜70毫米。在冬季气温降低在零下10℃时，塔身比炎热的夏天时矮17厘米，人们称这些现象为"埃菲尔铁塔之谜"。

埃菲尔铁塔

原来，埃菲尔铁塔是钢铁结构，热胀冷缩现象比较明显。白天，铁塔各处光照角度和强度都在变化，各处的温度也有差别，因此膨胀的程度也不同，塔身偏斜的程度也就不一样。到了夜间，塔身各部分温度基本保持相同，得以恢复原状，与地面垂直。在冬季，由于气温降低，塔身收缩，因此比炎热的夏季要矮。

四 好玩的热学

10. 模拟雨的形成

打雷下雨是常见的自然现象，为了更形象地了解雨水的形成过程，我们可以通过以下实验来说明。

Tools 材料和工具

- 水、冰
- 酒精灯、三脚架、石棉网、大烧杯、小瓷盘

Process 游戏步骤

（1）将酒精灯放在三脚架下，石棉网放在三脚架上；在烧杯中倒入约1/5 的水，将烧杯放在石棉网上；在小瓷盘中放入冰，将盘放在烧杯口上。

（2）点燃酒精灯。待杯中水沸腾后，首先观察到杯中会出现云雾状；过一会儿，会观察到盘底有小水点聚集，越来越多，越来越大；再过一会儿，便有"雨滴"不断落下来。

注意：

（1）选择高一些的烧杯，实验效果较好。

（2）杯中水量不必多，否则会延长实验时间，并会使杯中空间变小，水滴滴落距离变短，影响实验效果。

Physics 物理原理

雨形成的基本过程是：空气中的水蒸气在高空受冷凝结成小水点或小冰晶，小水点或小冰晶相互碰撞、并合，变得越来越大，大到空气托

不住的时候便会降落下来，当低空温度高于0℃时，便是雨。

要模拟这个过程，首先要使空气中有比较多的水蒸气，这可以通过加热水做到；其次要设法使水蒸气受冷凝结、聚集、降落，这可以利用冰；为了使水蒸气不到处飞散，可以用一个小盘盖在盛水的杯口。通过此实验，可以在一定程度上模拟雨的形成。

想一想

1. 查一查，还有哪些人工降雨的办法？各种方法的特点如何？

2. 你已经知道了雨的形成，想进一步知道露、雾、霜、雪、风是怎么形成的吗？那就分头查资料，仔细研讨吧。

超级链接

知道了雨的形成过程，我们就可以在需要的时候进行人工降雨。使用干冰进行人工降水的原理，是利用干冰在云层中挥发成二氧化碳气体的过程中要吸收大量的热量，使云层温度急剧下降。原来饱和的水蒸气变得大过饱和，而过饱和状态是不稳定的，以致小冰晶增多、增大、空气浮力托不住时，就会向下降落。如果云底到地面温度高于0℃就下雨；要是温度低于0℃就下雪。

利用干冰可以进行人工降雨

五、奇妙的声音

1. 土电话

声音不是由无数质子的机械振动形成的声波传播的吗？那固体传声是怎么回事呢？看完这个实验你就会有所了解。

Tools 材料和工具

- 两只纸杯或塑料冰淇淋杯
- 牛皮纸
- 薄信纸
- 一根 3 米长的棉线
- 剪刀
- 缝衣针
- 胶水

Process 游戏步骤

（1）用剪刀把两纸杯杯底剪掉；将薄信纸剪成比纸杯底直径略大圆形，牛皮纸剪出直径约 1 厘米的小圆形粘在圆形信纸正中心；用胶水将圆形信纸粘在杯底作为振动膜，纸尽可能使纸面绷紧；用针分别将棉线两头穿过杯底振动膜中心打结固定，然后在纸和线交接处涂点胶水。

（2）两个人各自手持一纸杯，相距一段距离至棉线拉直（注意不要用力过猛）。

（3）一方对着纸杯说话，另一方把耳朵凑在纸杯口上，用手堵住另一只耳朵，你能通过纸杯听到对方说了什么吗？

（4）调换一下，你对着纸杯讲话让对方感受一下这个"电话"。

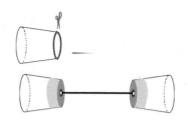

Physics 物理原理

声音的传播本质上是声波的传播，声波是一种机械波，由物体（声源）振动产生，机械波的传递需要介质，平常声波传播的介质就是空气，这个电话中传播声音的介质是那根棉线，对方讲话时使纸杯底部的振动膜发生振动，振动膜带动棉线振动起来把声音传到另一纸杯底的振动膜，听的一方手中的纸杯振动膜的振动又推动杯中空气振动起来使我们能够听到对方讲话的声音。

相关概念

声介质：声音能够在其中传播的物质（固体、液体、气体）

声波：声音在介质中传播形成声波

相关规律

真空不传声（因为真空没有介质，宇航员在太空中无论相距多近也必须靠无线电联系）；

一般情况下，声波在固体中传播速度最大，在气体中传播速度较小。

看完上面的概念和规律，你可以总结出声音的特性吗？

超级链接

在许多影视节目中都有关于固体传声的镜头，如人趴在地上听马蹄声判断是否有人来了、趴在铁轨上听是否有火车来了等等；在生活中住楼房的朋友能够通过暖器管或水管听到其他房间人的说话声。

这一原理在现代军事侦察中也有应用，人在房间内讲话时会使房间窗户上的玻璃振动起来，侦察人员可以利用现代设备收集到房间内人讲话的声音内容。

2. 探究无声手枪的秘密

我们看电视时，尤其是一些警匪片中常常有激烈的枪战场面，虽然大多数情况下都是枪炮齐鸣，很是惊险刺激，不过也有例外，比如情节中有暗杀的设计，杀手通常为了不引起他人注意，尽快脱身，会使用一种特制手枪——无声手枪，杀人于悄无声息之中。那么，你想过没有，无声手枪为何"无声"吗？做个小实验验证一下吧！

𝕋ools 材料和工具

- 气球两个
- 曲别针若干
- 细针一根

（1）用嘴吹起两个气球，并用曲别针将气球口别住，不要漏气；

（2）用细针扎破一个气球，气球会突然爆裂，发出很响的声音（注意安全）；

（3）慢慢松开别住另一个气球的曲别针，将气球中的空气慢慢放出，你会发现气球没有爆裂声。

Physics 物理原理

从这个小游戏中，我们可以看出，用针扎破气球有响亮的爆裂声，而慢慢放掉气球中的空气就没有爆裂声。无声手枪和这个游戏是同样的道理。当枪支在射击时，由于经过高温、高压的火药气体从枪口喷出，冲击周围空气产生强大的冲击波，从而发出巨响。而无声手枪将消音器装在枪膛的末端，就像我们在实验中将曲别针夹在气球开口处。消音器就相当于曲别针，能把从枪口喷出的高温、高压气体缓缓消散掉。另外，无声手枪所装的子弹初速低于音速，这样就减少了子弹在飞行过程中与空气的摩擦，避免了子弹在飞行时的呼啸。不过无声手枪在射击时并非一点声响都没有，只是声音很小。

 超级链接

来复枪的诞生故事

在步枪发明的进程中，来复枪是重大突破。射击时，枪管内的来复

五 奇妙的声音

139

线使得子弹飞行时能不断地旋转，从而飞得更远、命中率更高。子弹的高速旋转作用是利用高速旋转对称体有其轴线保持一定方向的特性，如高速旋转的陀螺不易歪倒一样，使子弹保持头部朝前不会"翻跟头"，因为阻力小，精度好，使弹道比较平稳。

来复枪

1510 年，奥地利的维也纳人卡斯帕·科尔纳发现带羽毛的箭比不带羽毛的箭要射得远，命中率也高。从此他得到启发，发现枪管内膛线对子弹也有稳定作用，从而发明了来复枪。当时拥有的最好的枪是毛瑟枪，有些军官不服气，不信枪管内有几条线就能打得比毛瑟枪远，提出要当场比试。科尔纳当然应战，他带看来复枪去跟军官们比赛。结果科尔纳在 100 米距离上 5 发 5 中，而军官手中的毛瑟枪却只有 5 发 2 中。科尔纳对军官们说："来复枪不但打得准，而且打得远。"军官们还是有些不信，比赛距离拉到 200 米，毛瑟枪根本打不着了，而来复枪却还是 5 发 4 中，这下军官们服气了，观看的人群也轰动起来。这比赛一传十，十传百，来复枪成了神乎其神的最先进的武器。

3. 用肥皂泡看声音的传播

吹肥皂泡大概是很多人童年时不可或缺的游戏活动之一，在阳光下，它绚丽多彩、四处飘闪，给我们带来了许多快乐。其实，肥皂泡不仅可以供我们玩耍，同样也可以用来做科学实验，学习科学知识哦！比如，通过它，我们可以看到声音的传播。

Tools 材料和工具

- 一根细塑料管
- 打气囊
- 肥皂水
- 铁架台
- 音叉
- 小锤

Process 游戏步骤

（1）如图所示，用一细塑料管，一端套上一打气囊，将塑料管放入肥皂水中，立即拿出来；

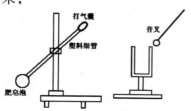

（2）把塑料管固定在铁架台上，让音叉垂直与塑料管放置，且与塑料管开口处平齐，轻捏打气囊，看到肥皂泡喷出稳定在塑料管管口；

（3）用小锤敲击音叉，观察；

（4）然后将铁架台逆时针旋转90度（从上往下看），轻捏打气囊，再次用小锤敲击音叉，对比观察现象。

Physics 物理原理

对比观察现象，先看到肥皂泡前后振动，旋转铁架台后，无明显变化。我们敲打音叉之后，音叉产生振动，振动中的音叉会来回推撞周围的空气，使得空气的压力时高时低，而使得空气分子产生密部和疏部的变化，并借由分子间的碰撞运动向外扩散出去，音叉的声波也就向外传出了。声波在传递时，空气分子的振动方向和波的传递方向是相同的，我们把这种波叫做"纵波"。

想一想

我们刚才听到的音叉发出的声音通过什么介质传到我们的耳朵里的呢？如果没有空气我们还能听到声音吗？

超级链接

古代声学实验

《岁华纪丽》云："节移阴管自符河内之灰，春动阳钟又应金门之竹。"说的是截金门山之竹为管，采河内芦苇秆中薄膜燃烧成灰，将灰放入新制律管中，然后吹响标准的黄钟律管，以此检定新管是否符合标准。

新管一端开口，一端密封，当标准的黄钟律管被吹响后，声波从新管开口端进入管内，从密封端反射回来，这样，入射波与反射波叠加形成驻波。新管密封处为驻波波节，若新管长度正确，开口处即为波腹，这时管内空气振动最强烈，管内轻灰被振成一小堆一小堆的，同时听到从管口传来的共鸣声。若新管不符合标准，该管则无法共鸣，管内轻灰保持原状。

这个有趣的声学实验，其成果在中国古代广泛应用于度量衡的检定，对制造和调整各种乐器也有十分重要的作用。据《后汉书》载，这种实验通常在缇室进行："候气之法，为室三重，户闭，涂衅必周，密布缇缦。中以木为案，每律各一，内庳外高，从其方位，加律其上，以葭莩灰抑其内端，案历而候之，气至者灰动。""葭莩"是芦苇秆里的薄膜，用它烧成的灰很轻，当竹管振动时，灰容易发生位移。"缇缦"是没有花纹的丝织品，将它密布室内，目的在于防止室外声音和空气流动对实验的干扰。《后汉书》中记载的缇室，也是我国最早的声学实验室，距今至少有 1700 多年了。

4. 声速测定

我们知道，在空气中声音的传播速度约为 340 米/秒，那么它是怎么测算出来的呢？

如果你想得到空气中的声速，那可以用下面这个简单的方法。

Tools 材料和工具

- 一个秒表
- 一个皮尺

- 一片空旷的场地
- 能制造出声音的器具（大石头、锣、鼓等）

Process 游戏步骤

（1）在空旷的场地中量一个 500 米的距离，要尽可能量得准确一点。

（2）你和你的同学分别站在两端。

（3）你的同学两手各拿一块大石头（或者锣、鼓），你则拿一个秒表。

（4）当你大叫"开始"时，你的同学要把石头举到头顶，尽量大声敲击。

（5）当你一看到石头撞在一起，就按下秒表。等到你听到石头撞击的声音，就再按一下秒表让秒表停下来。

注意：时间方面要记录到 0.1 秒。如果能多做几次实验，算出时间的平均值是最好的。

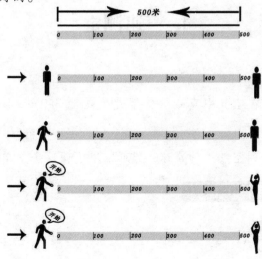

Physics 物理原理

在这个游戏中我们运用了简单的路程、时间、速度之间的关系，即速度 = 路程/时间，来测算声音的速度。

想一想

声音在其他介质中（如固体、水等）传播的速度和它在空气中传播的速度一样吗？

超级链接

世界上第一个测出空气中的声速的人，是英国人德罕姆。那是 1708 年的一天，当时德罕姆站在一座教堂的顶楼，注视着 19 千米以外正在发射的大炮。他计算了大炮发出闪光后到听见轰隆声之间的时间，经过多次测量后取平均值，得到与现在声速相当接近的数据：在 20℃时，声音每秒可以跑 343 千米。

5. 被罩住的噪声

闹钟可以每天叫我们早起上学，不至于迟到，对于那些爱睡懒觉的同学来说，早起的闹铃声不啻为一种噪声，那么，想一想，怎么把它罩住吧！

Tools 材料和工具

- 小闹钟
- 铁盒

145

- 纸盒
- 玻璃钟罩
- 棉花或者棉絮

P rocess 游戏步骤

（1）把小闹钟依次放在盖紧盖的铁盒、纸盒、又厚又重的铁筒中……你会发现，它的响声变得越来越小了。

（2）把小闹钟用纸盒罩住，外面再扣上个大铁筒。你会发现，这双层罩的隔声效果更好些。

（3）虽然罩上了两层罩子，钟的响声还会通过桌面传出来。怎么办呢？先在桌面上放一块棉絮，把小闹钟放在棉絮上，外边再扣上一个纸盒和一个铁桶。你会发现，闹钟的响声几乎听不到了。

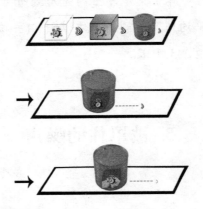

P hysics 物理原理

在步骤1中，闹钟的声音越来越小，这说明一部分声音被罩住了，而且罩子越厚越重罩住的声音越多。这种方法叫隔声。工程上常用的是隔声间和隔声罩。和吸声材料相反，隔声结构一般都是密实、沉重的材料，如砖墙、钢板、钢筋混凝土等，是些"沉重的罩子"。因为声波射到单层墙或单层板上，会引起这些"罩子"的振动，把声能传出去。罩子越沉重，越不容易推动，隔声效果自然比较好，尤其对于高频噪声，效果更好。

在步骤 2 中，你会发现，这双层罩的隔声效果更好些。这说明有空气夹层的双层隔声结构，比同样重的单层结构隔声效果要好。这是因为声波传到第一层壁时，先要引起第一层的振动，这个振动被空气层减弱后再传到外层壁上，声波的能量就小多了。再经过外层壁的阻挡，传出的声音就很小了。

在步骤 3 中，把小闹钟放在棉絮上，外边再扣上一个纸盒和一个铁桶，闹钟的响声几乎听不到了。这证明，如果在机器和它的基础之间放上具有弹性的物体，就能把固体传出的噪声"罩"住。这种技术就叫隔振。工程上常用橡皮、软木、沥青毛毡等材料隔振，也可以用各种弹簧来隔振。

试一试

试一试其他材质的罩子隔音的效果如何？比如陶制的、玻璃的、木质的等等。

 超级链接

我们知道噪声会危害人体健康，但是你听说过噪声杀人吗？

在第二次世界大战期间，德国法西斯曾使用过一种残酷的折磨人的刑法，叫噪声刑。将审讯室的墙壁天花板以及地面制成像音箱扩音器一样极易造成共鸣的结构。声音与声音交织着，混响着，顿时犯人的耳朵就会受到巨大冲击，像无数刀剑向耳朵里射去。等行刑完毕之后犯人的耳膜就会破裂，失去听觉，严重的很快就会死亡。

为什么噪声可以杀人呢？那是因为我们耳朵里的器官太脆弱了，以85分贝为起点，再增加5分贝，在一定环境一定时间内耳聋患者就会增加1/10。120分贝是耳朵疼痛，在120分贝以上会让人耳朵非常难受，而在爆炸时，这个声音是在120分贝以上的130分贝，所以经常有士兵在战场上被震晕，成了聋子。

城市里的噪声越来越多

随着工业和城市化发展，城市里的噪音开始变得越来越大，越来越多。噪音像一个看不见的幽灵，经常在人们耳边回荡，妨碍我们的健康。所以人们把噪声说成是看不见的"杀手"。

6. 声音"吹灭"蜡烛

声音具有能量，它是一种看不到、摸不着的声波。当声音传递到人耳引起耳鼓膜振动时，我们可以感觉到它。那么想过没有，声音可以熄灭蜡烛呢？跟我们边玩边学吧！

Tools 材料和工具

- 田径比赛时用的发令枪
- 蜡烛
- 大一些的抛物面反射镜一对（或小铁锅一对）
- 直径 30 厘米、焦距 8 厘米的抛物面反射镜
- 光具座
- 烛台
- 十字夹
- 试管夹
- 铁架台

Process 游戏步骤

（1）将直径及焦距相同的两个抛物面反射镜分别固定在铁架台上相向放置，间距约 60 ~ 70 厘米，间距的大小是依照抛物面反射镜或锅的大小灵活而定。

（2）在两个抛物面反射镜下方放置一个光具座。

（3）测定抛物面反射镜的焦距。

方法一：应用公式 $\dfrac{1}{v} + \dfrac{1}{u} = \dfrac{1}{f}$ 求之；方法二：在阳光下借用一把直尺测量。

（4）在两个抛物面反射镜的中间放一支或几只点着的蜡烛，在左边反射镜的焦点处也放一只点着的蜡烛。

（5）在右边的抛物面反射镜的焦点处打响发令枪，就可以发现左边反射镜焦点处的蜡烛熄灭了，而两抛物面反射镜中间其他蜡烛未被"吹灭"。

![Physics 物理原理]

　　抛物面反射镜起着把声音集中到一点（焦点）的作用，在声音集中的地方点着一支蜡烛，"啪"的一声枪响，声音在两个抛物面反射镜之间传播—反射—传播—反射—会聚，通过左边抛物面反射镜焦点处声波最强，能量最大，空气的振动就集中于那一点，蜡烛就被"吹灭"了。而中间其他蜡烛未被"吹灭"的原因是它们所处位置的声波强度不如焦点处。

超级链接

　　如果你去过北京的天坛，一定会被神奇的回音壁所吸引。它围绕皇穹宇及其东西配殿的高大的围墙，高 3.72 米，厚 0.9 米，直径 61.5 米，周长 193.2 米。

天坛回音壁

回音壁有回音的效果。如果一个人站在东配殿的墙下面朝北墙轻声说话，而另一个人站在西配殿的墙下面朝北墙轻声说话，两个人把耳朵靠近墙，即可清楚地听见远在另一端的对方的声音，而且说话的声音回音悠长。

回音壁为何有回音效果呢？这是声学原理在建筑设计上的巧妙应用。围墙由磨砖对缝砌成，光滑平整，弧度过度柔和，有利于声波的规则折射。加之围墙上端覆盖着琉璃瓦使声波不至于散漫地消失，更造成了回音壁的回音效果。

7. 甩纸炮

你玩过甩纸炮的游戏吗？下面来做一个小纸炮，让游戏告诉我们纸炮发声的奥秘吧。

Tools 材料和工具

- 一张长约40厘米、宽30厘米的纸（最好是质地较硬的那种）

Process 游戏步骤

把较长的那一方对折后，再打开。将四个角沿着中线往内折，整个对齐，对折后再打开，然后把左右两边的角沿着中线往下折。接下来把纸往后折，形成一个三角形，纸炮就完成了。抓紧两个尖角，用力往下甩，就会发生很大的声响。

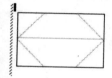
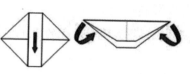

抓住这头用力往下甩

℗hysics　物理原理

当我们用手抓紧纸炮，用力往下甩时，内折的纸会弹开，造成空气突然振动，此时就发出了强而有力的声音，声音的音波冲过空气传至耳朵。

想一想

纸炮为什么会发出声音？纸张大小会影响声音的大小吗？纸张厚薄会影响声音的大小吗？

超级链接

口技是我国民间一项历史悠久的表演艺术，它是杂技、曲艺节目的一种。且其中还有腹语术。运用嘴、舌、喉、鼻等发音技巧来模仿各种声音，如火车声、鸟鸣声等，表演时配合动作，可加强真实感。

《聊斋志异》中记载有一位奇人，他不但能模仿别人说话的声音，更神奇的是可以模仿场景，比如七八个人一起说话，还间杂有别的声响。那么这位奇人究竟是如何模仿各种不同的声音的呢？

原来，每个人说话的声音不同是因为音色不同，所谓"闻其声而知其人"就是根据人的音色来区分。《聊斋志异》中的奇人就是通过调整自己声带的形状，改变发

口技表演

声体的振幅和发声频率从而达到模仿不同声音的目的。

8. 可以看得见的声音

我们都是用耳朵来听声音的，那么如果说声音可以看得见，你相信吗？可以尝试做下面这个游戏。

Tools 材料和工具

- 易拉罐
- 气球
- 橡皮圈
- 小镜片
- 胶水
- 手电筒
- 硬白纸
- 几本书

Process 游戏步骤

（1）剪去易拉罐的底和面，使它成为两头透亮的空筒。

（2）剪去气球的颈部，并蒙在罐的一端。

（3）抓住气球的边，再用橡皮圈把它紧紧绷住（像鼓面一样）。

（4）把小镜片用胶水贴在紧绷的气球鼓面上，使镜面向外。

（5）打开手电筒，照在镜子上，你会看到一个光点从镜面反射到墙上。

（6）如果墙上的光点不够清晰，可以用一张硬白纸当屏幕。

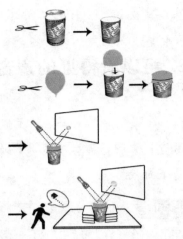

（7）接下来把铁罐放在桌上，用书本等作支撑固定住，调整好手电、镜面与光点的合适角度。

（8）这时候你在铁罐的另一端大喊或唱歌，同时观看墙上的光点。啊，光点晃动起来，"跳上舞"了。

ⓟhysics 物理原理

原来，声音是由空气振动而产生的。当你唱歌时，从你的肺里压出来的空气，使声带振动，产生压力波（也叫声波）。这个声波就像水中的涟漪一样撞击到气球膜上，气球膜便随之振动，所以小镜子反射出来的光也跟着动。

想一想

你唱歌声音的高低和音量的大小会影响声音的"舞步"吗？

 ### 超级链接

为什么光比声音跑得快

因为光的本质是一种电磁波，而电磁场的传播速度是很快的，假设有一根电线从中国接到美国，我们在中国这边一加上电压，美国那边马上就能感觉到，这个速度远远快于电子的运动速度，说明电场是在一瞬间就充满这根电线的，而且光的传播不需要介质，也就意味着没有阻挡。

但是声音就不一样了，声音本质的能量在物质中的传导，没有物质就没有声音，所以声音在不同的物质中传导的速度是不一样的。当然光在不同的物质中的传导速度也是不一样的，但这是由于物质对于光的阻碍不同。声音在物质中的传播靠的是物质内部原子或分子间的相互作用，打个比方就像多米诺骨牌一样。

所以光的速度是光本身的一种属性，而声音的速度是物质密度、结构等性质的表现。这两者的速度的原理是不一样的。

当然，光跑得比声音快并不是绝对的！那是在大多数情况下。现在科学家们已经通过冷却的办法，让光在接近绝对零度（－273.15℃）的钠中传播，成功地将光速降到了每秒 1 米左右，这时不要说空气中的声音了，连你都跑得过光！

9. 弹奏音乐的高脚杯

我们常常在电视中看到有心人会用各种各样的材质弹奏出动听的音乐，其中玻璃杯就是比较理想的乐器组。那你想不想做一个玻璃杯的乐器组来弹奏一段悦耳的音乐呢？其实，这种方式和钢琴有异曲同工之妙。

- 8 个高脚玻璃杯
- 适量的水
- 滴管
- 筷子或者玻璃棒

Process 游戏步骤

（1）将 8 个高脚玻璃杯排成一字形。

（2）以最左边的空杯子作为高音 Do，依次向右加水开始调音，音阶分别为 7、6、5、4、3、2 和中音 1。

（3）音阶越低，杯中的水就要加得越多。

（4）调好音后，用筷子敲击高脚玻璃杯，就可以弹奏出悦耳的音乐了。

注意事项： 为了让杯子能精确地发出音阶，可用滴管少量加水，以进行调音。

Physics 物理原理

这是一个关于声音振动频率的游戏。声音振动的频率与物质的质量有关系。物质的质量越大，发出的声音越低。反之，发出的声音越高。

因此，杯子中水最少的那个发出的声音最高，杯子中水最多的那个发出的声音最低。适当调节高低音，就可以发出悦耳的声音了！

超级链接

古代趣味实验——挥箸击瓯

张英、王士禛在《渊鉴类函》中指出："唐大中初，郭道原善击瓯，用越瓯、邢瓯二十，旋加减水，以箸击之，其音妙于方响。"意思是：唐大中初年（公元859年），有一个名叫郭道原的人善于用瓯子奏乐，他用越瓯、邢瓯共12个，根据乐音需要临时在瓯中倒入适量的水，以筷子轻击瓯沿，声音悦耳动听，效果比方响还好。

这是一个振动发声的有趣实验。实验时改变瓯中水位的高低，当敲击瓯子时，瓯体的声音会产生变化。演示前仔细调好各瓯中的水位，将瓯按音调高低有序排列，然后用筷子依乐谱轻击相应的瓯子，就能奏出动人的乐曲。击瓯乃击缶遗事，《吕氏春秋》《史记》就记载过击缶为乐的事情，《庄子》《淮南子》等书则有扣盆而歌的例子，只不过那是应拍而已。

10. 欢叫的小鸟

林中的鸟儿叫声婉转嘹亮，总会引起人们无限的遐想。其实，我们可以做个游戏亲身体验一下！

𝑻ools 材料和工具

- 一次性纸杯两个

- 小刀
- 吸管
- 胶带

（1）把一个纸杯倒过来，在底部中央部位用小刀划一个边长约1厘米的三角形小孔；

（2）将吸管平放在杯底上，吸管口正对着三角形小孔的一角，并用胶带固定好吸管；

（3）用胶带把两个纸杯口对口地粘在一起，密封严实；

（4）此时向吸管中吹气，就会听到"呜呜"的鸟叫声了。

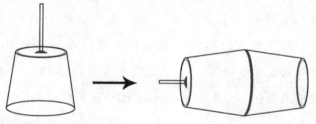

Physics 物理原理

这个游戏利用了声音的共鸣。两只纸杯黏合在一起，便制造了一个封闭的共鸣箱。我们借着吸管将空气通过三角形小孔，传入杯内。杯内的空气受到振动形成声波，而声波在封闭的空间内能产生共鸣，声音强度变大，传出来的声音也就变大了。

想一想

如何改变鸟叫声呢？比如它的大小和音量？

边玩边学 物理

超级链接

"共振"的威力

任何物体产生振动后，由于其本身的构成、大小、形状等物理特性，原先以多种频率开始的振动，渐渐会固定在某一频率上振动，这个频率叫做该物体的"固有频率"，因为它与该物体的物理特性有关。当人们从外界再给这个物体加上一个振动（称为策动）时，如果策动力的频率与该物体的固有频率正好相同，物体振动的振幅达到最大，这种现象叫做"共振"。物体产生共振时，由于它能从外界的策动源处取得最多的能量，往往会产生一些意想不到的后果。

18世纪中叶，法国昂热市一座102米长的大桥上有一队士兵经过。当他们在指挥官的口令下迈着整齐的步伐过桥时，桥梁突然断裂，造成226名官兵和行人丧生。究其原因是共振造成的。因为大队士兵迈正步走的频率正好与大桥的固有频率一致，使桥的振动加强，当它的振幅达到最大以至超过桥梁的抗压力时，桥就断了。类似的事件还发生在俄国和美国等地。鉴于成队士兵正步走过桥时容易造成桥的共振，所以后来各国都规定大队人马过桥，要便步通过。

在我国的史籍中也有不少共振的记载。

唐朝开元年间，洛阳有一个姓刘的和尚，他的房间内挂着一幅磬，常敲磬解烦。有一天，刘和尚没有敲磬，磬却自动响起来了。这使他大为惊奇，终于惊扰成疾。他的一位好朋友曹绍夔是宫廷的乐令，不但能弹一手好琵琶，而且精通音律（即通晓声学理论），闻讯前来探望刘和尚。经过一番观察，他发现每当寺院里的钟响起来时，和尚房里的磬也跟着响了。于是曹绍夔拿出刀来把磬磨去几处，从此以后就

五

奇妙的声音

不再自鸣了。他告诉刘和尚，这磬的音律（即现在所谓的固有频率）和寺院的钟的音律一致，敲钟时由于共振，磬也就响了。将磬磨去几处就是改变它的音律，这样就不会引起共鸣。和尚恍然大悟，病也随之痊愈了。

登山运动员登山时严禁大声喊叫。因为喊叫声中某一频率若正好与山上积雪的固有频率相吻合，就会因共振引起雪崩，其后果十分严重。

六、多姿多彩的光

1. 测量旗杆的高度

在学校，每周都要举行升旗仪式，看着冉冉升起的国旗，我们心中都会油然而生自豪感吧！那么，想过没有，怎样测量那高高的旗杆呢？和你的小伙伴一起合作，开动脑筋，试试吧！

Tools 材料和工具

- 旗杆
- 标杆
- 镜子
- 皮尺

Process 游戏步骤

方法 1：利用阳光下的影子

一名同学直立于旗杆影子的顶端处，同时测量该同学的影长和同一时刻旗杆的影长，利用相似三角形的性质（$\triangle ABC \backsim \triangle A'B'C'$）：两直角边对应成比例求得旗杆高度，即 $\dfrac{AB}{BC} = \dfrac{A'B'}{B'C'}$。

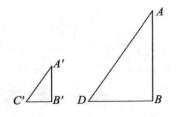

方法2：利用标杆

在观测者与旗杆之间的地面上直立一根高度适当的标杆，观测者适当调整自己所处的位置，当旗杆的顶部、标杆的顶端与眼睛恰好在一条直线上时，测出观测者的脚到旗杆底部的距离，以及观测者的脚到标杆底部的距离，然后测出标杆的高，利用相似三角形相关知识计算。

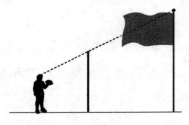
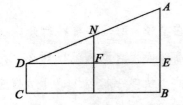

（在△*ADE* 和△*DNF* 中通过相似三角形得到，求得 *AE*，最后求得 *AB* 的长。）

方法3：利用镜子反射

一名同学作为观测者，在观测者和旗杆之间的地面上平放一面镜子，在镜子上做一个标记，观测者看着镜子来回移动，直到看到旗杆顶端在镜子中的像与镜子上的标记重合。测量所需数据，根据所测的结果，运用相似三角形可得两直角过对应成比例（△ABC∽△EDC），从而求得旗杆的高度。

注意事项及建议：

方法1：可以把太阳光近似地看成平行光线，计算时还要用到观测者的身高。

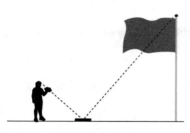
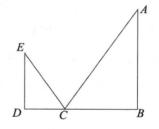

方法 2：观测者的眼睛必须与标杆的顶端和旗杆的顶端"三点共线"，标杆与地面要垂直，在计算时还要用到观测者的眼睛离地面的高度。

方法 3：光线的入射角等于反射角的现象。

想一想

1. 你能利用这个办法，测量一个建筑物的高度吗？
2. 要在网上买衣服，你能想想办法，用刻度尺测出自己的三围吗？

 超级链接

现在看来，利用我们以上介绍的方法，是可以轻松测量高大建筑物的高度的，比如金字塔。但是在这个方法发现以前，人们测量建筑物的高度并不那么容易，不过总是有智者会解决这一难题，比如杰出的罗马女数学家希帕蒂娅，她在 10 岁就想出了测量金字塔高度的方法。

相传有一天，希帕蒂娅的父亲对 10 岁的希帕蒂娅说："过几天，爸爸打算带你去古埃及旅游，参观金字塔，并且测量金字塔的高度，你先开动脑筋想一想有什么好的方法，好吗？""好的，我试试看！"希帕蒂娅一口答应下来。

说干就干，希帕蒂娅在自己的书房里比比画画，绞尽脑汁思考，一直到太阳偏西。这时，爸爸牵着两匹马在门口呼唤她，叫她去练习骑马。

希帕蒂娅和爸爸策马飞奔，不一会儿就到了城外。

跑了一阵，一直紧随其后的父亲担心女儿的体力会吃不消，于是高声招呼道："希帕蒂娅，慢点!"

"好的，爸爸。吁——"希帕蒂娅让马慢了下来。

西斜的夕阳把世间万物的影子拉得长长的。

"希帕蒂娅，看到影子了吗?"父亲突然意味深长地问，"瞧瞧我们的影子，你想到什么问题了吗?"

真巧，希帕蒂娅也正低头看着自己和父亲的影子。有意思的是两个影子的最东点几乎正好对齐。

"啊!"希帕蒂娅观察着这两个影子，高兴地叫了起来，"爸爸，太阳和咱们俩的头顶正好在一条直线上，对吧? 现在，知道你和我的影子的长度，又知道我骑在马上的高度，不就能算出你在马上的高度了吗?"

"我的高度好测量，有根长竿子就行了。"父亲充满期待地看着希帕蒂娅。

"可是没有金字塔那么高的竿子呀! 爸爸，我想到测量金字塔的办法了呀!"希帕蒂娅开心地说，"影子! 只要丈量金字塔的影子，再测量我们的影子，我们就能计算出金字塔的实际高度了!"

希帕蒂娅（约370～约415），曾协助其父完成了对欧几里得《几何原本》的评注和修订。她因不信奉罗马帝国的国教基督教，被暴徒残害而死。

2. 水滴放大镜

同学们都使用过放大镜吧，你们现在是否也想拥有一个属于自己的放大镜呢？其实不用去专门的商店购买，做一个属于自己的放大镜很简单，用小水滴就能办到！

简单吧！赶快来动手吧！

🆃ools 材料和工具

- 一张透明的塑料薄膜
- 一张卡片纸
- 水
- 双面胶
- 剪刀

🅿rocess 游戏步骤

（1）把硬的卡片纸对折；

（2）在纸的中间剪一个洞；

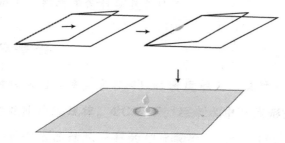

（3）把塑料薄膜粘在洞上；

（4）在卡片纸上粘上双面胶把塑料薄膜与卡片纸黏合；

（5）小心地在塑料薄膜上滴几滴水，这样水滴放大镜就做好了。

Physics 物理原理

当水滴滴到薄膜上，便形成了一个中间厚、四周薄的水滴放大镜了，把它放在书上，书上的字就被放大了！

想一想

小刚做了几个大小不同的水滴放大镜，水滴的大小不同，凸起程度也不同，爱思考的他突然想到，这些水滴放大镜的放大倍数是否相同呢？

请你为小刚提出的问题作出猜想，并为自己的猜想是否正确设计实验方案，最后做光路图证实自己的猜想。

超级链接

冰透镜

冰，相信大家都不陌生，况且它融化了就是水，水能灭火众所周知，它怎么又会生火燃烧了呢？原来，此冰非彼冰也，这里讲的是冰透镜。关于冰透镜，早在我国西汉《淮南万毕术》中就有记载："削冰令圆，举以向日，以艾承其影，则火生。"其后，普朝张华的《博物志》中也有类似记载。

清代科学家郑复光（1780～?）根据"淮南万毕术"的记载，亲自动手做过一些实验，证实冰透镜可以取火。他在"镜镜冷痴"中写道：将一只底部微凹的锡壶，内装沸水，用壶在冰面上旋转，可制成光滑的

用冰透镜取火

冰透镜，利用它聚集日光，可使纸点燃。那么神奇的冰透镜究竟是如何生火的呢？

冰生火利用的是透镜的聚光原理。将冰做成凸透镜的形状，冰就有了凸透镜的性质，能够汇聚光线。平行光通过透镜将在交点处汇聚，如果将纸片等易燃物置于透镜焦点处，就能使纸片很快燃烧起来。

其实，除了冰以外，水也能生火。我们前面制作的水滴放大镜就可以，将水透镜支在一定的高度，让阳光穿过透镜，在地面上聚焦，便可以将放在地面的纸片点燃。

这种水透镜也经常会给人类带来意想不到的灾难。例如在人迹罕至的热带丛林，常常发生神秘的大火，使大片森林付之一炬，许多鸟类葬身火海。起初人们并不知道起火的原因。原来，每天清晨，树木的树叶上常挂着露珠，由于地处赤道附近，太阳虽然刚刚升起却已经骄阳似火，烈日炎炎，阳光照在露珠上，而每颗露珠又恰似凸透镜使阳光汇聚于焦点，假若恰好有枯草或干树叶位于这个焦点上，它们很快就会被点燃。特别是由于小鸟爱用干草或枯枝在树枝上搭巢，森林大火常从鸟巢开始。

3. 光学黑箱

先来看一个小魔术，如图1，取一张卡片，从箱子的开口处放入，再看图2，咦？卡片怎么会没有了呢？会到哪里去了呢？

看看这个箱子的结构（图3），你就能明白了。

  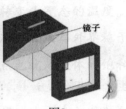

图1　　　　　　　　图2　　　　　　　　图3

原来，它是利用了光的反射原理使我们的眼睛看不见小卡片。想学这个魔术吗？下面，就让我们边玩边学它的制作方法吧！

Tools 材料和工具

- 三合板
- 不透明的薄板
- 四面尺寸相同的镜子
- 锤子
- 钉子

Process 游戏步骤

（1）用三合板做一个如图所示的箱子。

（2）将四块相同尺寸的平面镜，按图所示装置在上图所示的箱内，使入射光线经四次反射后，仍以原方向射出。

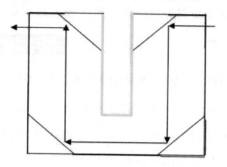

（3）准备一块能插进开口的不透明薄板。

Physics　物理原理

用手电筒的平行光射入黑箱光孔，调整光的方向使光从出光口射出。将薄板插进开口，可以演示光线不是直射出去的，而是由四块平面镜的多次反射后从出光口射出去的。

想一想

在物理学中，光学黑箱问题通常是指已知黑箱外入射光线和出射光线的方向（二者方向不同或有侧向位移），来确定箱内光学元件的性质及组合方式。

如图，单色平行光从左方射入匣内，试画出每个匣子应放何元件才会显出如下结果。

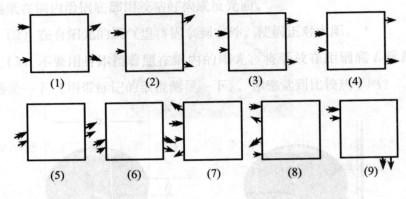

(1)　　　(2)　　　(3)　　　(4)

(5)　　　(6)　　　(7)　　　(8)　　　(9)

超级链接

再来看一个小魔术——珍珠变珠链。

魔术师手托一个盘子，盘里是数十个银白的珍珠，他将这些珠子拿起来给观众看，珠子都是零散的，互不相连。他指指桌上一个盛着半杯水的玻璃杯，把珠子一个一个全部放进去，随后向观众借一块手帕盖到杯子上，他向杯子做了个魔术手势，然后把手帕揭开，伸手从杯中把珠子拿起，奇怪，所有的珠子都穿在了一根绳子上，成为一串珠链。

其实，秘密在那盛了半杯水的玻璃杯上。这个杯子看上去是空的，前后都透明，实际上杯里却藏有东西，在玻璃杯的正中镶有一块双面的小镜子。它既可做遮挡物，又可反光使杯子还原成完整的一个。因此这个杯子装有东西，却好像是空无一物。除此之外还要准备两串一样的珠链，一串保持原样，另一串拆成零散的珠子，放在一个空盘里。表演前把整串的珠子放进杯子一边，另一边空的面对观众（注意，两边和后面都不能有观众）。表演时，首先把珠子一个个放进杯子的前半边，接着把手帕盖上，再把手帕整理一下，乘机把杯子转个个，把珠链一边转到前面来，揭开手帕，珠链即"连成"了一串。用装有镜子的杯子变魔术不只可变这一个，还可以表演"空杯来物"、"空水变鱼"、"扑克牌变点"、"饼干变糖果"。这个小魔术就是运用了镜子对光的反射作用。

4. 流动的光

我们知道，光线通常都是直线传播的，那你见过像水一样流动的光线吗？和我们一起试试吧！

🝮ools 材料和工具

- 空易拉罐
- 一只小灯泡
- 一节干电池
- 两段导线
- 一个白色盘子
- 透明胶带
- 一把锥子

🝮rocess 游戏步骤

（1）用锥子在易拉罐靠近底部的侧面扎一个直径为3毫米的小圆孔。将小灯泡、干电池和导线连接，组成一个简单的串联电路。在易拉罐顶部的开口处把通电发光的小灯泡放入罐中。

（2）在黑暗的房间里，把白色盘子放在小孔的对面，移动盘子，直到从小孔中透出的光线照射到盘子上，形成光斑。

（3）用透明胶带从外面将小孔封住，向易拉罐中罐满水。此时移动盘子，找到光斑。光斑还在原来的方向吗？

（4）撕开胶带，让水流出来。盘子上还有光斑吗？移动盘子接住水流，在水流和盘子接触的地方，你看到了什么？

流动的光

Physics 物理原理

当光线从水中入射到空气中时，除非垂直界面照射，否则都会发生方向的改变，这就是光的折射现象。在一定条件下，光照射的水与空气的界面上时，甚至会发生全反射，光束完全被水与空气的界面反射回水中，不会进入空气中。

当光从折射率大的介质（称为光密介质）进入折射率较小的介质（称为光疏介质）时，如果入射角大于某个临界角时，光线将不会进入光疏介质，而是被界面全部反射回光密介质，这就是全反射。比如第一种材料是玻璃，第二种材料是空气，可以计算出它们之间的临界角为42度，让进入玻璃的光线在界面的入射角大于42度，光线就会被封闭在玻璃中，并沿着玻璃前进了。在上面的游戏中，光线在水流中发生了全反射，顺着弯曲的水流传播，因此在水流和盘子接触的位置才能找到光斑。

超级链接

光导纤维就是利用光的全反射原理制造的，它是由两种或两种以上折射率不同的透明材料通过特殊复合技术制成的复合纤维。在光导纤维的结构中，有起着导光作用的芯材和能将光封闭在芯材之中的皮层。光导纤维把光闭合在纤维中，可以将光的明暗、光点的明灭变化等信号从一端传送到另一端。

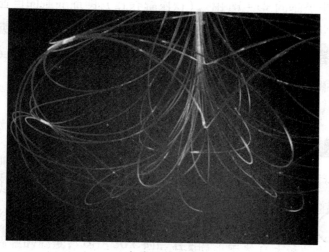

光导纤维吊灯

利用光导纤维进行的通信叫光纤通信。同传统的通信方式相比，光纤通信优势明显，一对金属电话线至多只能同时传送 1000 多路电话，而根据理论计算，一对细如蛛丝的光导纤维可以同时通 100 亿路电话。铺设 1000 千米的同轴电缆大约需要 500 吨铜，改用光纤通信，只需几千克石英就可以了。沙石中就含有石英，几乎是取之不尽的。

5. 拒绝让光通过的镜片

我们知道，光是可以在玻璃中传播的，不然，即使在大白天，我们在屋子里也是漆黑一片，那么怎么会有拒绝让光通过的镜片呢？用下面的方法拒绝光线的通行吧！

Tools 材料和工具

- 2 个太阳镜镜片
- 1 盏台灯

Process 游戏步骤

（1）打开台灯，将一个镜片放到台灯和你的双眼之间，观察光线通过镜片后的情景。

（2）再将另一个镜片贴在前一镜片上，并旋转角度，观察镜片旋转过程中光线的明暗变化。

（3）台灯的光线通过太阳镜镜片时，光线减弱。如果两个镜片成一定角度叠放时，你会发现光线完全被镜片挡住，不再有光线照射过来。

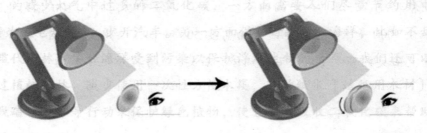

光是一种电磁波，是由与传播方向垂直的电场和磁场交替转换的振动形成的。在与传播方向垂直的平面上，光可以向任一方向振动。

太阳镜的镜片属于偏振光片，在镜片的表面刻制了极细的平行线槽，这样当光线通过太阳镜镜片时，就会被过滤掉部分方向的光，变成偏振光，即光线都在同一方向上振动并传播。当偏振光再经过另一偏振光片时，如果后一镜片的平行线槽与前一镜片的平行线槽垂直放置，偏振光将被完全挡住，不再有光线透过。

想一想

用近视眼镜的镜片替代太阳镜片也可以阻止光线的通过吗？

 超级链接

在自然界中，当光照射到非金属表面时，如果表面与光线成一定角度，反射光就形成了偏振光。在摄影时，光滑的玻璃表面、水面或其他非金属表面反射光线形成眩光，有时会给拍摄造成不利影响。为了消除眩光，摄影师会在镜头前装一个偏振镜。偏振镜能够滤除偏振光，人们通过旋转镜头前的偏振镜，调整角度刚好能够挡住有害眩光，从而获得满意的摄影效果。

图例一　　　　　　　　图例二

图一的拍摄利用了偏振镜，图二没有加偏振镜。

6. 水流传光

光可以在水中传播，而且是直线传播，那你是否见过光是沿着弯曲的水流"顺流而下"的呢？和我们一起来玩这个有趣的关于水流传光的游戏吧！

Tools 材料和工具

- 激光笔（聚光型 LED 手电筒，如果没有也可用普通手电筒替代，但效果不是很好）
- 不透明的饮料瓶
- 有机玻璃棒（或塑料棒）
- 宽透明胶条
- 洗脸盆
- 白塑料板
- 剪子
- 粗铁丝

Process 游戏步骤

（1）将铁丝烧热在饮料瓶下部侧壁上烫一直径 1 厘米的圆孔；

（2）在瓶子另一侧与孔正对位置再烫一同样大小的孔；

（3）用宽胶条封住其中一个孔（以不漏水为准）；

（4）将有机玻璃棒或塑料棒放在燃气灶的火上方烘烤至较软时随意弯曲（注意安全，不要用柴点燃的火烘烤，那样可能使有机棒表面被污染），然后用砂纸把棒两端打磨平整备用。

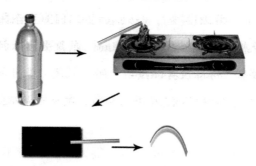

环境条件：最好在比较暗的室内玩；如果是在晚上玩，你需要请另一位同学控制灯。

玩法1：将白塑料板放在洗脸盆底部并把它们放在水平面上；在离盆不太高的位置一只手拿起瓶子并用手指堵住未封闭的孔，向瓶内注满水；另一只手用激光笔正对饮料瓶上被透明胶条封住的孔照射，放开堵住另一孔的手指使水从此孔流出到洗脸盆内，移动整个装置让水流落点刚好落在白塑料板上并做小范围运动（注意瓶子离盆不要太高、太远，以确保水流连续为准），在白色塑料板上你看到了什么？

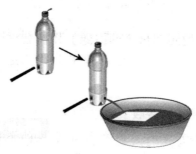

玩法2：用激光笔正对有机玻璃棒的一端照射，从另一端你看到了什么？

玩法3：在前两个游戏过程中，如果你从水流或有机玻璃棒侧面看上去，能够知道在水流或有机玻璃棒中有光吗？

现象 1：在白色的塑料板上可以看到水流的落点处有光点；如果此时关闭光源（激光笔或手电）光点消失；光就沿着水流传到了白板上，并且光的传播路径与水流形状相同。

现象 2：从另一端可以看到亮光，激光笔（手电筒）发出的光沿着弯曲的透明棒传播。

现象 3：从侧面看去，弯曲度不是很大的位置看不出水流或有机玻璃棒内有光传播，当水流快流完时或有机玻璃棒弯曲度较大的位置能够看到一些不太亮的光。

Physics 物理原理

光可以在透明介质中传播，我们的一般经验是"光沿直线传播"，而弯曲的水流和有机玻璃棒似乎与我们的经验相悖，这是怎么回事呢？光从水、玻璃、有机玻璃等介质射向空气时，如果光的入射角大于某个值的话，在两种介质交界面上就会发生全反射现象；也就是光不能进入另一种介质而全部被反射回原介质的现象。在上述玩法中，光是沿水流或有机玻璃棒的径向射入的，光在弯曲的水流或有机玻璃棒与空气的交界面上不断地发生全反射，从整体效果上看就是"光沿着水流或有机玻璃棒传播"。

人的眼睛是一种光的接收装置。如果有光射入我们的眼睛，我们就能感受到它；如果没有光射入我们的眼睛，我们就会感觉到一片黑暗。在水流、有机玻璃棒弯曲程度较大的位置有一部分光在两种介质交界面上不满足发生全反射的条件而从水或有机玻璃棒中射出，而出射光的一部分射入了我们的眼睛使我们能够判断出介质中有光传播。在有机玻璃棒弯曲度较小甚至不弯曲的部分传播的光发生全反射现象不能从介质中

边玩边学物理

射出，所以我们在这样的位置看不到介质内部传播的光。

想一想

光在任何介质中都是沿直线传播的吗？你能找到反例吗？

超级链接

李白到过庐山，看到庐山香炉峰瀑布，写了一首诗："日照香炉生紫烟，遥看瀑布挂前川。飞流直下三千尺，疑是银河落九天。"后来有人批评李白，说写得不对，"日照香炉生紫烟"，怎么会是紫的呢，应该是五彩缤纷，七彩缤纷，不可能是紫颜色。但是，根据现在物理学的研究，光在行进中，遇到阻碍物，发生各种物理现象，如透射、绕射、衍射、反射、折射等等，还有一种是漫射。漫射就是光在前进时遇到阻碍它的物体，物体的粒子长度方向跟光波的长度差不多相等的时候，光波就发生了漫射，而漫射的强度同光波的长度成反比，而且同它的四次方成反比，可见光中，红、橙、黄、绿、青、蓝、紫，紫光光波最短。

庐山香炉峰瀑布

很可能李白在那时候，瀑布水粒的长度跟紫光的长度差不多，发生了强烈的漫射，看到了紫光，这不是奇怪的事情。任何伟大的文学家、艺术家，必定是从实际出发的，他的作品的源泉是来源于实践的，来源于生活的，然后才可能高于实践，高于生活。

7. 自制潜望镜

潜望镜在军事上应用较多，潜水艇观察海面上的船只、军队指挥部的观察哨都会用到潜望镜，潜望镜既有潜望功能又有望远功能。你想不想自己动手制作一件呢？试试看吧！并不复杂。

Tools 材料和工具

- 宽 5 厘米、长约 7 厘米的小镜子 2 块
- 长 30 ~ 50 厘米的硬纸板
- 直尺
- 三角板
- 小刀
- 剪刀
- 透明胶带
- 双面胶（或胶水）
- 黑墨水
- 毛笔

Process 游戏步骤

（1）按小镜子的宽度在硬纸板上画线，通过折叠制作一个能够将小镜子贴在某一面上的方纸筒；

（2）用墨水将筒内部涂黑，再用胶带粘好；

（3）用同样的方法制作两个长约 15 厘米的小方筒；

（4）从长纸筒一端剪下一块 5 厘米的正方形纸板（即筒口，缺一面），从另一端与缺口相对的那一面同样剪下一块正方形纸板；

（5）分别在两个短筒的一端同样剪下一块正方形纸板；将剪下的正方形纸板沿对角线折出一条线，在距此线 2 厘米位置平行对角线剪下一角；

（6）使对角线与小镜子长边对齐用双面胶和胶带将它粘到镜子背面，再将另一块粘在小镜子另一边；

（7）另一块小镜子用同样的办法加工；

（8）把小镜子背面的纸板沿镜边缘折起，在折起的外面帖好双面胶，再将小镜子粘到长纸筒缺口处，使镜面对着缺口与筒口成 45 度角；

（9）分别将两个短筒缺口与长筒缺口相对，使短筒与长筒垂直套在一起用胶带粘牢；这样潜望镜就制作好了。

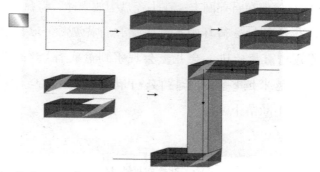

玩法：躲藏在一个障碍物后面，将潜望镜伸出至障碍物之外，从短筒内可以看到外面的景物。

Physics 物理原理

潜望镜是利用改变光路的办法来实现观察周围环境的装置。它通过图示的短筒的上下拐角处各安装一个平面镜，两块平面镜互相平行，都跟水平方向成 45 度角，影像通过两次折射使下面的一方就可以看到上面的影像。

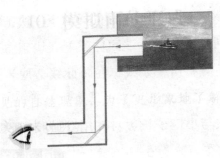

超级链接

潜望镜在军事上应用较多，它究竟是谁发明的，现在已经无法查考了。世界上最早记载潜望镜原理的古书，是公元前 2 世纪我国的《淮南万毕术》。书中记载了这样的一段话："取大镜高悬，置水盘于其下，则见四邻矣。"

古代，在我国一些深山古庙的屋檐下，常常倾斜地挂着一面青铜大镜，如果在庙门以内的地上放一盆水，对正镜子，这就做成了一个最简单的潜望镜，在水中就会映出庙门外的羊肠小道及过往行人。

8. 小孔成像

用一个带有小孔的板遮挡在屏幕与物之间，屏幕上就会形成物的倒像，我们把这样的现象叫小孔成像。下面就让我们做个游戏，验证一下这种好玩的现象。

- 带有黑色筒盖的羽毛球纸筒（如果没有可用硬纸板制作一个）
- 锥子
- 胶带
- 剪刀
- 壁纸刀
- 半透明纸或塑料袋
- 黑墨水
- 毛笔

Process　游戏步骤

（1）用刀从羽毛球筒上剪下一节长约8厘米的小筒，用剪刀将边缘修整好；

（2）用锥子在黑色筒盖正中心扎出一个直径大约2毫米的圆孔（尽可能圆），然后将其盖到短筒的一端；

（3）用黑墨水将长、短两个筒内部涂黑；

（4）用剪刀从半透明纸或塑料袋上剪下一块比筒直径大约2厘米的圆片，将圆片蒙在短筒没有筒盖的一端，尽量使纸面平整，然后用胶带将它粘在纸筒上；

（5）将长筒与短筒蒙有纸的一端对接，用胶带将它们接成一个长筒。

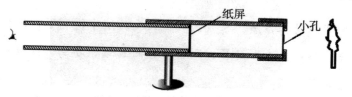

玩法：在阳光明媚的天气里，顺着阳光照射的方向把有孔的一端对

六

多姿多彩的光

183

着周围景物，从筒的另一端向筒内看，你看到了什么？

现象： 在半透明纸面上有景物倒立的像。如果能够在暗室里操作，我们把半透明纸改用感光胶片，用手堵住前面的小孔和后面的筒口，把它拿到室外同样将小孔对准周围景物不动，然后放开堵住小孔的手几秒钟再将小孔堵住回到暗室，用加工照相底片的方法加工就可以获得景物的照相底片。

Physics 物理原理

光在均匀介质中沿直线传播，外部景物反射到小孔的太阳光经过小孔照射到半透明纸上，从外到内会发生左右、上下颠倒，这也是为什么我们看到的像倒立的原因。在阳光很好的日子里，树荫下会出现许多圆形小亮斑，这些小亮斑实际是太阳光通过树叶间形成的小孔在地面所成的太阳的像。我国曾经有人在长城上将烽火台的通道和窗口全部堵住，只在其一侧开一小孔使外面的景色能过小孔成像在对面的墙壁上，他在墙壁上挂一画布描绘祖国的美好景色。

想一想

根据光的直线传播规律证明像长和物长之比等于像和物分别距小孔屏的距离之比。

超级链接

光的直线传播性质，在我国古代天文历法中得到了广泛的应用。我们的祖先制造了圭表和日晷，测量日影的长短和方位，以确定时间、冬至点、夏至点。

日晷是一个圆形的石板，南高北低地安置在一块方形的大理石柱上，一根细铁棒垂直贯穿石板的圆心。石板正反面都有刻度，可以向它问取可靠的时间。这听起来似乎有些不可思议。

日晷

计量时间，就是要寻找一种标准的运动过程，作为度量别的运动快慢的标准。这样的标准运动过程应是尽量均匀和持续不断的。根据计量精度的不同，均匀滴下的水滴、缓慢燃烧的香、从斗中漏下的沙，原子的衰变等等，都可被用作计量时间的标准运动。地球日夜不停的自转，作为地球上的观察者，我们看到太阳日复一日的东升西落；地球还绕太阳公转，我们感觉到年复一年四时的变化。反映地球公转和自转的太阳视运动，很早就被人们用作计量时间的标准运动之一。由于太阳太过明亮，人们就通过观察太阳投射物体的影子的移动来计量时间。

日晷上固定着的细铁棒就相当于指针，它所投射的日影在长度和方向上都会发生变化，就可以通过观测投影的方向来计时。中国传统的赤道式日晷就是通过指针投影方向的均匀变化来指示时间的，清顺治元年汤若望曾向摄政王多尔衮和顺治皇帝敬献了一件"新法地平日晷"，则采用了17世纪欧洲盛行的地平式装置原理，并在刻度上将中国传统的一日百刻和等分刻度法，改为一日96刻度，并以不等分形式标注时刻线，使用时利用指南针定南北，将晷针直立，通过晷针投在晷面上的日影位置，即可得到时刻及当日所处的节气。

9. 光的衍射

衍射又称绕射，是波的基本特性之一。声波的衍射更为明显，如站在走廊里，便能听到教室里老师的讲话声，可见说话声可以绕过门窗传到走廊，这就是声波的衍射。向水中投一块石头，水面上立刻出现一圈圈圆形水波，并不断地向四周扩大。如果有一块物体露在水面上，水波就会绕过物体继续传播，这就是水波的衍射。那么，光波是否也具有这种性质呢？让我们边玩边学吧！

Tools 材料和工具

- 手电筒
- 灯泡
- 硬纸片
- 长方形纸盒
- 针

Process 游戏步骤

（1）把手电筒前面的聚光罩去掉，使灯泡直接发出散射的光。

（2）用针尖在硬纸片的中央扎穿一个小孔。

边玩边学 物理

（3）将硬纸片插入纸盒。

（4）用一只眼睛透过纸上的小孔，观察发光的小灯泡。你会看到许多以小灯泡为中心的明暗相间的同心彩色圆环。这就是光的小孔衍射。

（5）手电筒的位置保持不动。在一片小玻璃片上先漆上黑板漆，待干燥后，用刀刃在黑玻璃片上划一条3厘米长的狭缝，将玻璃片插入纸盒，用一只眼睛透过狭缝观察发光的灯泡，你会看到许多明暗相间的直条纹。这就是光的狭缝衍射。

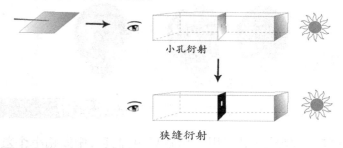

小孔衍射

狭缝衍射

Physics 物理原理

光的衍射也称光的绕射，即光波绕过障碍物，在障碍物后面扩展开来的现象。平时，光的衍射现象并不明显，只有当小孔或障碍物的尺寸比光波的波长小，或者跟波长差不多时，光才能发生明显的衍射现象。

（1）小孔衍射

当孔半径较大时，光沿直线传播，在屏上得到一个按直线传播计算出来一样大小的亮光圆斑；减小孔的半径，屏上将出现按直线传播计算出来的倒立的光源的像，即小孔成像；继续减小孔的半径，屏上将出现明暗相间的圆形衍射光环。

（2）狭缝衍射

当狭缝很宽时，缝的宽度远远大于光的波长，衍射现象极不明显，光沿直线传播，在屏上产生一条跟缝宽度相当的亮线；但当缝的宽度调到很窄，可以跟光波相比拟时，光通过缝后就明显偏离了直线传播方向，照射到屏上相当宽的地方，并且出现了明暗相间的衍射条纹，纹缝越小，衍射范围越大，衍射条纹越宽，但亮度越来越暗。

想一想

如果手电筒的聚光罩不去掉，会产生什么现象？试试看。

超级链接

揭开星星闪烁的秘密

"一闪一闪亮晶晶，满天都是小星星"，多么熟悉的歌谣，勾起了童年的回忆。那时，我们爱望星空，神秘的夜空中闪亮的星总让人感到温暖。星星为什么会闪烁？现在的我们能揭开这个秘密吗？

首先我们要知道星光是从哪里来的。当我们用手指数着点点繁星时，你可知道，它们经历了漫长的跋涉？举一对大家熟悉的星，牛郎星，距离地球有 16 光年，也就是说，我们看到的牛郎星所发出的光实际上是在 16 年前从牛郎星发射出来的。织女星距离我们则有 26.5 光年，从那里出发的星光在宇宙间航行了约 250711200000000 千米才到达了地球。当它们来到地球表面时，在这里遭遇了动荡不安的大气层。

坐过飞机的同学可能有过感受。大气层并非我们想象的那么安分，气流与涡流随时都在形成、扰动与消散之中。地球上大气温度的变化使得上层密度较大冷空气下沉，下层密度较小暖空气上升，密度大的空气不断流向密度小的空气，还会形成风。星星发射的光在不均匀并不断改变的大气层中的发生折射，折射光线的方向随大气密度时时变化，传播到我们眼睛时，就如同透过微风吹过的水面看池底的硬币一样，忽左忽右，忽前忽后，忽明忽暗，总在不断地变化，这就是星星闪烁的原因。

有时，我们透过一个生得很旺的火炉上方去看前方的物体，常会看到物体发生扭曲并不停地晃动，产生这一现象的原因是因为火炉使空气对流，经火炉加热的空气密度小于周围空气密度而向火炉上方流动，当光线穿过这股不稳定的上升气流时，便会不断地变化其折射光的方向而使我们感到物体在晃动，这与星星闪烁是同样的道理。

10. 硬币重现

光天化日之下，一枚硬币竟然从眼皮底下消失了，这并不是神奇的魔法，你也可以做到。赶快试试吧！

Tools 材料和工具

- 两只相同的透明玻璃杯
- 一枚硬币（或与硬币大小近似的金属片）
- 白纸
- 有字的纸（或书）
- 水
- 一根筷子或木棍
- 透明胶条（或胶水）
- 剪刀（裁纸刀）

Process 游戏步骤

测量杯子的高度和直径，计算杯子周长，以杯高为宽度、大于杯子周长约 2 厘米长度将有字的纸裁成纸条，将纸条围绕玻璃杯一圈做一个能够套在玻璃杯外面的纸套，用胶条或胶水粘好备用。

环境条件： 在白天或有光的环境中进行即可。

玩法1： 把硬币平放在套有纸套的玻璃杯底部；眼睛从玻璃杯斜上方注视杯底的硬币，移动观察位置使自己刚刚好看不到硬币，并保持不动；请其他同学用另一玻璃杯慢慢向放有硬币的杯中注水（不要让水流太急避免杯中硬币移动）。随着杯中水量增加，水面不断升高的过程中硬币又显现在眼中。

玩法2： 将筷子（或木棍）斜插入盛满水的玻璃杯中，从侧面看上去筷子（木棍）在水与空气的交界面处发生错位（似乎是水面上一节，水面下一节）。如果从杯子上方向下看去，筷子在空气与水的交界面处好像发生了弯折，且水面下部分向上弯折的现象。

玩法3：把盛有水的玻璃杯放在有字的纸上，使杯底盖住一部分字；从上向下分别透过水和空气观察纸上的字，水杯底下的字似乎比杯外纸上的字离眼睛近些（位置相对高一些）。

P hysics 物理原理

现象1：发生的原因是由于经过硬币反射的光一部分从杯中水与空气交界面发生折射改变了光的传播方向，这样的折射光射入眼睛，使我们能够看到杯底的硬币。

现象2：发生的原因是由于水面上筷子（木棍）反射的光直接进入我们眼睛，而水面下筷子（木棍）反射的光经过水与玻璃杯交界面再经过玻璃杯壁与空气交界面发生折射，从而使光的传播方向发生改变。由于我们的经验是光沿直线传播，而光的直射和折射使得水面上、下两部分筷子（木棍）反射进入我们眼睛的光方向不一致，造成了我们感觉上筷子（木棍）在水与空气交界面处发生错位的现象。

如果从杯子上方向下看去，筷子在空气与水的交界面处好像发生了弯折，且水面下部分向上弯折的现象。这同样是由于筷子（木棍）反射的光在水和空气交界面处发生折射而产生的现象。由于光从水斜射入空气时，折射角大于入射角（折射规律），进而使我们感觉到水中筷子

（木棍）位置升高了。

现象3：发生的原因同样是由于光的折射造成的。

想一想

人从水面上观察到水下的鱼，看到的是实际的鱼还是鱼的像？如果是鱼的像，它是实像还是虚像？

注：实像——实际光线汇聚而成的像（能够用光屏承接的像）。

超级链接

海市蜃楼

传说东海有蓬莱、方丈、瀛洲三座神山，山上住着仙人。公元前219年，始皇帝命方士徐福前往求不死之药，数年而不得。汉太初元年，武帝临东海寻仙，不获而归。直到宋代苏轼在《登州海市》诗中言道："东方云海空复空，群仙出没空明中，荡摇浮世生万象，岂有贝阙藏珠宫。"八仙过海的传说也是源自于此。可见，对古人而言，海市蜃楼是神秘的、充满着传奇想象的仙家美景。

什么是海市蜃楼呢？北宋科学家沈括在《梦溪笔谈》中是这样记述的："登州海中时有云气，如宫室、台观、城堞、人物、车马、冠盖、历历可见，谓之海市。"这个说法是比较客观的。在一片空明的云海中，凭空出现又历历可见的人物和景物究竟是怎么来的？让我们来探秘海市蜃楼的成因吧。

光在均匀介质中是沿直线传播的，在非均匀介质中传播时会产生折射现象。海市蜃楼就是光的折射产生的一种现象，当气温较高时，海面附近的温度比高空低，空气由于热胀冷缩，上层的空气就比海面附近的空气稀薄，远处物体反射的太阳光在射向空中的过程中，由于空气疏密发生变化而折射，逐渐向地面弯曲，进入观察着眼中，逆着光线望去，就觉得好像是从海面上空的物体射来一样。观察者看到的只是远处物体由于光在不均匀的空气中折射所成的虚像。无怪乎古人看到的是宫室城堞，而今人观赏到的是高楼大厦了。

海市蜃楼的成因

由于海市蜃楼的形成需要上下层空气有较大的密度差，空气中的杂质也要非常少，海面能见度要好，风力要弱，所以只有少数"有缘人"才能看到这一奇观。

11. 小小万花筒

大约 100 多年前，英国人发明的万花筒传进中国，由于当时制作材料和工艺的限制，万花筒只能作为清王朝达官贵人的私室珍藏。随着封建王朝闭关锁国政策被打破，以及中国民族工业的发展，万花筒的造价也渐渐变得低廉，旧时王谢堂前燕，也飞入了寻常百姓家。甚至，我们自己也可以动手制作一个。

𝒯ools 材料和工具

- 旧手电筒玻璃片 3 片（直径要相同，最好有一片是磨砂的）
- 硬纸板圆筒 1 个（可用装薯条的纸筒代替）
- 绿豆大米大小的彩色的小碎玻璃渣以及彩色透明的塑料胶片碎渣东十几粒（大小搭配）
- 等长等宽的小镜子 3 条（镜子店的下脚料即可，长度比纸筒略短即可）
- 胶带或胶布（固定小镜子）

𝒫rocess 游戏步骤

（1）在万花筒的底层使用两个手电筒的玻璃片来间隔一些彩色的碎玻璃渣（间隔 1 厘米即可以利于彩色玻璃渣的流动），或者添加一些彩色透明的碎胶片（最好用手工剪切一些具有几何形状的——不一定需要规则的形状，米粒大小即可），最外层的玻璃片最好选用磨砂的玻璃，实在找不到可以在里面衬上一层硫酸纸（制图用的类似于磨砂玻璃的半透明纸，其功能主要是为了透光性好）。

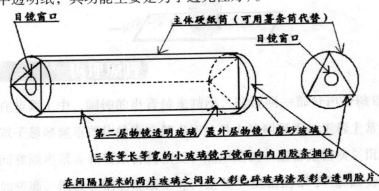

目镜窗口　　　　　　　　　　主体硬纸筒（可用薯条筒代替）

目镜窗口

第二层物镜透明玻璃　最外层物镜（磨砂玻璃）

三条等长等宽的小玻璃镜子镜面向内用胶条捆住

在间隔1厘米的两片玻璃之间放入彩色碎玻璃渣及彩色透明胶片

（2）万花筒的中间主要是用三片镜子玻璃制作的等三角柱体（镜面一律向内互相反射从而产生了复杂的图案），三条小镜子镜面向内用胶带粘贴捆好。

（3）万花筒的目镜也使用相同半径的手电筒玻璃片，一片等大的圆形纸板在圆心处挖出一个直径1厘米的圆孔做目镜。

（4）三角镜子柱装入纸筒内卡紧，纸筒的一端是两片玻璃组成的空心小盒子，里面放入彩色的碎玻璃渣胶片渣等，直通的另一端是目镜。

（5）最后就是美化外壳了，可以随自己的想象力用美丽的包装纸包裹，这样一支奇妙的万花筒就制作好了。

Physics 物理原理

万花筒是一种光学玩具，只要往筒眼里一看，就会出现一朵美丽的"花"样。将它稍微转一下，又会出现另一种花的图案。不断地转，图案也在不断变化，顾名思义叫"万花筒"。

万花筒的图案是如何来的呢？由于光的反射定律，放在两面镜子之间的每一件东西都会映出六个对称的图像来，构成一个六边形的图案，看上去像一朵朵盛开的花。

超级链接

万花筒中的"花朵"五彩缤纷，姹紫嫣红，很少见深色的"花朵"。其实在现实生活中，也是如此。有人对4000多种花的颜色进行统计，发现只有8种黑色花，而且还不是地道的黑色，只是蓝紫偏黑罢了。为什么深色的花如此少见呢？

黑色的花很少见，其因有三：

一是与光的特性有关。光的波长不同，所含热量也不同：红、橙、黄光的波长长，含热量高；蓝、绿光的波长短，含热量少。红、橙、黄花反射了含热量高的长光波，可生长在阳光强烈的地方；蓝花反射短光波。因此，它们的花瓣都不致引起灼伤。而黑花能吸收全部的光波，热量过高，花组织易受到伤害，经过长期的自然淘汰，黑花便消失了。

黑色的三色堇

二是与昆虫习性有关。自从被子植物出现后，昆虫也繁殖起来。许多植物靠昆虫传粉受精。与其他颜色的花相比，黑花不醒目、不鲜艳，不大容易吸引昆虫，难以完成传粉受精过程，不利于传宗接代。因此，从进化角度看，黑花容易被淘汰。

三是与花瓣内的化合物成分有关。植物的细胞液内都含有由葡萄糖变成的花青素，花朵呈现出的颜色与花青素的特性有关。花青素在酸性时，呈现红色，且酸性越大色越红；在碱性时，呈现蓝色，碱性较强则成为蓝黑色，如黑牡丹、墨菊等；在中性时，呈现紫色。此外，另有一种色素为胡萝卜素，它一般呈黄色、橘黄色、橘红色、红色。至于白花，则细胞液内不含色素。也许是长期自然淘汰的结果，细胞液内表现为黑色的化合物较少存在。

正是由于以上这些原因，黑色花很少见到。